普通高等教育"十三五"规划教材

普通高等院校数学精品教材

简易数值分析

王能超　　王学东　著

华中科技大学出版社

中国·武汉

内 容 简 介

本书旨在通过一些基本的数值方法来探究数值算法设计的基本技术,如缩减技术、校正技术、松弛技术和二分技术等。

本书是在作者编著的《数值分析简明教程》(高等教育出版社)的基础上,经过补充、修改而成。前书于 1988 年获国家教委优秀教材二等奖,已累计发行 60 余万册,深受读者喜爱。本书继续保持了前书中内容精练、深入浅出、通俗易懂的突出特点,在编排上贯穿了数值算法设计与分析的思想。本书在前书的基础上还增加了高效算法设计的快速算法和加速算法,这些都是超算事业迅速发展的迫切需求。

本书可作为高等院校理工科专业学生的教材,亦可供工程技术人员阅读参考。

图书在版编目(CIP)数据

简易数值分析/王能超,王学东著 . —武汉:华中科技大学出版社,2017.9
普通高等教育"十三五"规划教材　普通高等院校数学精品教材
ISBN 978-7-5680-3306-0

Ⅰ.①简…　Ⅱ.①王…　②王…　Ⅲ.①数值分析-高等学校-教材　Ⅳ.①O241

中国版本图书馆 CIP 数据核字(2017)第 196896 号

简易数值分析　　　　　　　　　　　　　　　　　　王能超　　王学东　著
Jianyi Shuzhi Fenxi

策划编辑:王汉江
责任编辑:王汉江
封面设计:原色设计
责任校对:何　欢
责任监印:周治超

出版发行:华中科技大学出版社(中国·武汉)　　　电话:(027)81321913
　　　　　武汉市东湖新技术开发区华工科技园　　　邮编:430223

录　　排:武汉市洪山区佳年华文印部
印　　刷:湖北新华印务有限公司
开　　本:710mm×1000mm　1/16
印　　张:11.5
字　　数:222 千字
版　　次:2017 年 9 月第 1 版第 1 次印刷
定　　价:29.80 元

《周易》论"简易"

算法设计的基本思想是简朴的。算法设计的基本技术是简单的。算法设计追求简易。

追求简易是中华传统文化的一个重要特色。关于"简易",我国古代经典《周易·系辞》有如下精辟的论述:

> 易则易知,简则易从;
>
> 易知则有亲,易从则有功;
>
> 有亲则可久,有功则可大;
>
> 可久则贤人之德,可大则贤人之业。

下面来解释这番话的含义。

何谓"简易"?"易",是指所讲的道理易于理解;"简",是指所教的方法易于掌握。

道理易于理解就会使人亲近,彼此亲近才会长久合作。

方法易于掌握方能收到功效,讲究功效,事业才能壮大。

因此,崇尚简易是科学工作者的一项重要品德,具备这一品德才能成就伟大的事业。

前　言

　　使用电子计算机进行科学计算,俗称电算,使人们摆脱了人工手算(简称手算)的繁重劳动。曾几何时,速度极大提升的超级计算机又崭露头角,超级计算(简称超算)正在科学计算领域大显神通。

　　令人无限欣喜的是,在世界超级计算机 500 强中,我国的"神威"机、"天河"机名列前茅。排名榜首的"神威"机峰值速度高达 12.5 亿亿次/秒,并荣获超算应用的戈登·贝尔奖。

　　超级计算机被尊为"国之重器",它属于战略高技术领域,为世界各国竞相角逐的战略制高点。

　　人们知道,在超级计算中,高效算法设计与高性能计算机研制具有同等重要性。面对超算事业的迅猛发展,迫切要求提供更多、更为实用的高性能算法,迫切需要加强有关的基础理论研究。

　　正是基于这一考虑,我们在新编数值分析教材中添加了高效算法设计的有关内容。由于这方面研究还不够成熟,有关材料尚未列入教学大纲,因此篇末以"讲座"形式提供给广大读者参考。

　　本书末尾两章分别介绍高效算法设计的快速算法与加速算法。令人感到不可思议的是,我们发现,太极思维的"二分演化模式",犹如浩瀚的南海,深不可测;而逼近加速的"刘徽神算",则堪比珠穆朗玛峰,高不可攀。作者就此求教学术界诸位高人,希望探个究竟。

　　本教材是作者先前编著的《数值分析简明教程(第二版)》(高等教育出版社,2003 年)的修订版。这次修订得到了华中科技大学出版社有关领导和编辑的鼎力支持和热情帮助,在此表示深切的谢意。

作　者

2017 年 7 月

于华中科技大学

目 录

引论 科学计算仰赖算法的支撑

0.1 算法重在设计

1. 科学计算离不开算法设计

所谓**算法**,通俗地说,就是计算机上使用的计算方法。

计算机是一种功能很强的计算工具。现代超级计算机的运算速度已高达每秒亿亿次。计算机运算速度如此之快,是否意味着计算机上的算法可以随意选择呢?

举个简单的例子。

众所周知,行列式解法的 Cramer 法则原则上可用来求解线性方程组。用这种方法求解一个 n 阶方程组,要算 $n+1$ 个 n 阶行列式的值,总共要做 $(n+1)n!$ $(n-1)$ 次乘除操作。对于大数 n,这个计算量是相当惊人的。譬如一个 20 阶不算太大的方程组,大约要做 10^{21} 次乘除操作。这项计算即使用每秒 30 万亿次的超级计算机来承担,也得要连续工作

$$\frac{10^{21}}{30 \times 10^{12} \times 60 \times 60 \times 24 \times 365} \approx 1(\text{年})$$

才能完成。当然这是完全没有实际意义的。

其实,求解线性方程组有许多实用解法(参看本书第 5 章与第 6 章)。譬如,运用人们熟悉的消元技术,一个 20 阶的线性方程组即使用普通的计算器也能很快地解出来。这个简单的案例说明,能否合理地选择算法是科学计算成败的关键。

科学计算离不开计算机,更离不开算法设计。人类的计算能力是计算机的研制能力与算法的设计能力两者的总和。当代众所瞩目的高性能计算更需要高效算法强有力的支撑。人们往往片面地强调高性能计算机是高性能计算的物质基础,其实,高效算法的设计才是高性能计算的灵魂。正如一位著名学者所尖锐指出的,如果提供不出高效算法,超级计算机客观上只是一堆"超级废铁"。

2. 算法设计要有"智类之明"

在知识"大爆炸"的今天,算法的数量也正以大爆炸的速度与日俱增,所涉及的文献著作数以千万计,形成浩繁的卷帙。面对这知识的汪洋大海,如何才能进行有效的学习呢? 许多有志于从事科学计算的青年科学工作者正为这门学科的知识庞杂所困扰。

出路在哪里?

我国最古老的一部数学经典著作《周髀算经》中,采取陈子与荣方两人对话的方式,推荐了三千多年前一位上古先贤陈子的治学方法。

荣方问陈子:"算法那么多,怎样才能学好呢?"

陈子说:"算法之术,是用智矣!"(陈子特别强调算法设计要用智慧。)

陈子又说:"夫道术,言约而用博者,智类之明。问一类而以万事达者,谓之知道。"

陈子告诫人们,算法设计的基本技术,讲起来很简单,应用却很广泛。要学好算法,关键在于将各式各样的具体算法进行归纳分类,并能触类旁通。他特别强调,只要掌握了算法设计的基本技术,就能设计出许许多多具体算法,做到问一知万,"问一类而以万事达"。这就是陈子所倡导的"智类之明"。这是一副解读各种算法的灵丹妙药。

魏晋大数学家刘徽(公元 3 世纪)提出的"割圆术"、"重差术"等算法设计技术,至今仍放射着智慧的光辉,对当今高效算法设计有着深刻的启迪意义(参看本书末尾两章)。关于算法设计的机理,刘徽在《九章算术注》"自序"中说:

"事类相推,各有攸归,故枝条虽分而同本干者,知发其一端而已。"

"触类而长之,则虽幽遐诡伏,靡所不入。"

刘徽认为,算法设计学就像一株枝繁叶茂的参天大树,虽然它的枝枝叶叶零乱纷杂,但它们都是从同一主干发出的。算法设计有着共通的基本规律可循;而掌握了基本规律,就能举一反三,触类旁通。这样不管问题多么隐晦曲折,总能迎刃而解。

这一思想同样见于中华众经之首的《周易》。《周易·系辞》指出:

"引而申之,触类而长之,天下之能事毕矣!"

这就是说,将所研究的学问分门别类地引申推广,天下的"能事"就尽在其中了。

3. 数学思维的化归策略

数学被誉为思维的体操。算法设计的基础是数学思维。

有人这样概括数学家的思维特征:他们往往不是对问题进行正面的"攻击",而是不断地将问题加工变形,直到把它转化归纳为能够解决的问题。

这就是所谓化归策略。化归,就是转化归纳。

举个日常的例子说明化归策略的含义。在此讨论两个"烧开水问题"。

问题 1 是,如果提供水龙头、水壶、煤气灶与火柴,该怎样烧开水呢?

这个问题人们都会解决,"烧开水程序"分三步:

(1) 打开水龙头将水壶灌满;

(2) 用火柴点燃煤气灶;

(3) 把水壶放在煤气灶上。

如果进一步提出问题 2:其所给条件同问题 1,只是水壶已经装满了水,这时该怎样烧开水呢?

按照人们的生活经验,这个问题似乎比问题 1 更简单,只要舍弃上述烧开水程序的步骤 1,而仅仅执行其余的两步即可。

然而,按照数学家的思维方式,解决问题 2 更为"合理"的方案是,先通过"预处理"手续——倒掉水壶中的水,然后再调用上述"烧开水程序"。

数学家都很推崇这种化归策略。关于化归策略,笛卡儿曾提出过被后世尊为**万能法则**的一般模式:

(1) 将实际问题化归为数学问题;

(2) 将数学问题化归为代数问题;

(3) 将代数问题化归为解方程。

化归策略同样是数值算法设计的基本策略。本书将基于化归策略提供三种基本的算法设计技术:

(1) 化大为小的缩减技术;

(2) 化难为易的校正技术;

(3) 化粗为精的松弛技术。

0.2　化大为小的缩减技术

1.　Zeno 悖论的启示

古希腊哲学家 Zeno 在两千多年前提出过一个耸人听闻的命题:一个人不管跑得多快,也永远追不上爬在他前面的一只乌龟。这就是著名的 **Zeno 悖论**。

Zeno 在论证这个命题时采取了如下形式的逻辑推理:设人与龟同时同向起跑,如果龟不动,那么人经过某个时刻便能赶上它,但实际上在这段时间内龟又爬行了一段路程,从而人又得重新追赶,如图 0.1 所示。

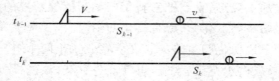

图 0.1　人龟追赶过程

这样每追赶一步所归结出的是同样类型的追赶问题,因而这种追赶过程永远不会终结。**Zeno** 则据此断言人追上龟是"永远"不可能的。

Zeno 悖论的提出在古希腊学术界掀起轩然大波。在 **Zeno** 悖论面前,古代的数学逻辑显得无能为力,提供不出有力的论据给予驳斥,从而导致了人类文明史上"第一次数学危机"。

耐人寻味的是,尽管 **Zeno** 悖论的论断似乎极其荒谬,但从算法设计思想的角度来看它却是极为精辟的。

Zeno 悖论将人龟追赶问题表达为一连串追赶步的逐步逼近过程。设人与龟的速度分别为 V 与 v,记 S_k 表示逼近过程的第 k 步人与龟的间距,另以 t_k 表示相应的时间,相邻两步的时间差 $\Delta t_k = t_k - t_{k-1}$。**Zeno** 悖论把人与龟的追赶问题分解为一追一赶两个过程(见图 0.1):

追的过程　先令龟不动,计算人追上龟所花费的时间

$$\Delta t_k = \frac{S_{k-1}}{V} \tag{1}$$

赶的过程　再令人不动,计算龟在这段时间内爬行的路程

$$S_k = v\Delta t_k \tag{2}$$

无论是追的过程还是赶的过程,它们都是简单的行程计算。通过这两项计算加工得出的虽然同样是追赶问题,但问题的"规模"已被大大地压缩了。譬如,设以人与龟的间距 S_k 定义为追赶问题的**规模**,那么,经过上述两项运算,加工后新问题的规模被压缩到了 v/V 倍:

$$S_k = \frac{v}{V} S_{k-1}$$

由于龟的速度 v 远远小于人的速度 V,压缩系数 v/V 很小,因而这项计算的逼近效果极为显著。实际上,设 $S_0 = S$ 为已知,令 $t_0 = 0$(即从人龟起跑开始计时),则按上述方法做不了几步,追赶问题的规模 S_k 就可以忽略不计,从而得出人追上龟实际所花费的时间 t_k。称这一算法

$$\begin{cases} S_k = \dfrac{v}{V} S_{k-1}, & k = 1, 2, \cdots \\ S_0 = S \end{cases} \tag{3}$$

为 **Zeno** 算法。它是 **Zeno** 悖论的算法描述。

前面已指出,上述追的过程(1)和赶的过程(2)都是简单的行程计算,可见 **Zeno** 算法(3)的设计思想是,将人与龟的追赶计算化归为简单的行程计算的重复。

可以看到,Zeno算法的设计方法是逐步压缩计算模型的规模,这种"化大为小"的设计策略称作规模缩减技术,简称为缩减技术。

缩减技术是算法设计的一种基本技术。下面再举例说明这种设计技术的具体运用。

2. 数列求和的累加算法

首先考察最简单的计算模型——数列求和问题:

$$S = a_0 + a_1 + \cdots + a_n \tag{4}$$

这个模型有两个简单的特例。当 $n=0$ 即为一项和式 $S=a_0$ 时,所给计算模型就是它的解,这时不需要做任何计算。这表明,对于数列求和问题,它的解是计算模型退化的情形。又当 $n=1$ 即计算两项求和 $S=a_0+a_1$ 时,计算过程是平凡的,不存在算法设计问题。

瞄准这两种简单情形考察所给式(4)的累加求和算法。记 b_k 表示前 $k+1$ 项的部分和 $a_0+a_1+\cdots+a_k$,则有

$$\begin{cases} b_0 = a_0 \\ b_k = b_{k-1} + a_k, & k=1,2,\cdots,n \end{cases} \tag{5}$$

这时计算结果 b_n 即为所求的和值 S:

$$S = b_n \tag{6}$$

可以看到,上述数列求和的累加算法,其设计思想是将多项求和式(4)化归为两项求和式(5)的重复。而依式(5)重复加工若干次,最终即可将所给和式(4)加工成一项和式(6)的退化情形,从而得出和值 S。

可见累加求和算法的设计机理是,将复杂化归为简单的重复。

再剖析计算模型自身的演变过程。将式(5)每加工一次,所给和式(4)便减少一项,而所生成的计算模型依然是数列求和。反复施行这种加工手续,计算模型不断变形为

$$\begin{matrix} n+1 \text{ 项和式} \\ (\text{计算模型}) \end{matrix} \Rightarrow n \text{ 项和式} \Rightarrow n-1 \text{ 项和式} \Rightarrow \cdots \Rightarrow \begin{matrix} 1 \text{ 项和式} \\ (\text{所求结果}) \end{matrix}$$

这里符号"⇒"表示重复施行两项求和的加工手续。

这样,如果定义和式的项数为数列求和问题的**规模**,则所求和值可以视为规模为1的退化情形。因此,只要令和式的规模(项数)逐次减1,最终当规模为1

时即可直接得出所求的和值。这样设计出的算法就是累加求和算法(5)。

值得指出的是,累加求和算法刻画出所给计算模型(4)的一个重要特征:它具有多层嵌套结构

$$S=(\cdots((a_0+a_1)+a_2)+\cdots+a_{n-1})+a_n \tag{7}$$

这样,只要反复施行两项求和手续逐步降低和式的层数,最终仅剩一层时即可获得所求的和值。

因此,亦可用嵌套结构(7)的层数来表达计算模型(4)的规模。

上述累加求和算法可以视为规模缩减技术的一个源头例子。

3. 缩减技术的设计思想

许多数值计算问题,可以引进某个实数——所谓问题的**规模**来刻画其"大小",而问题的解则是其规模为足够小的退化情形。求解这类问题,一种行之有效的办法就是通过某种简单的运算手续逐步缩减问题的规模,直到加工得出所求的解。算法设计的这种技术称为**规模缩减技术**,简称**缩减技术**。

缩减技术所适用的一类问题是,求解这类问题的困难所在是它的规模(适当定义)比较大。针对这类问题运用缩减技术,就是设法逐步缩减计算问题的规模,直到规模变得足够小时直接生成或方便地求出问题的解。

缩减技术的设计思想可用"大事化小,小事化了"这句俗话来概括。

所谓"大事化小"意即逐步压缩问题的规模。在运用缩减技术时"大事"是如何"化小"的呢? 这个处理过程具有如下两项基本特征:

(1) 结构递归

"**大事化小**"是逐步完成的,其每一步将所考察的计算模型加工成同样类型的计算模型,因而这类算法具有明晰的递归结构。

(2) 规模递减

每一步加工前后的计算模型虽然从属于同一类型,但其规模已被压缩了。压缩系数愈小则算法的效率愈高。

再考察"小事化了"的处理过程。所谓"小事化了"是指当问题的规模变得足够小时即可直接或方便地得出问题的解。

"小事"是如何"化了"的呢?

对于某些计算模型,如前面讨论过的数列求和问题,它们的规模为正整数,而其解则是规模为 0 或 1 的退化情形。这时只要设法使规模逐次减 1,加工若干步后即可直接得出所求的解。这里"小事化了"是直截了当的。

这样设计出的一类算法统称直接法。前述数列求和的累加算法以及下述多项式求值的秦九韶算法都是直接法。

4. 多项式求值的秦九韶算法

微积分方法的本质是逼近法。多项式是微积分学中最为基本的一种逼近工具,因而多项式求值算法在微积分计算中具有重要意义。

设要对给定的点 x 计算下列多项式的值

$$P = a_0 x^n + a_1 x^{n-1} + \cdots + a_{n-1} x + a_n = \sum_{k=0}^{n} a_k x^{n-k} \tag{8}$$

由于计算每一项 $a_k x^{n-k}$ 需做 $n-k$ 次乘法,如果先逐项计算 $a_k x^{n-k}$,然后再累加求和计算多项式的值 P,这种**逐项生成算法**所要耗费的乘法次数为

$$Q = \sum_{k=0}^{n} (n-k) \approx \frac{n^2}{2}$$

当 n 充分大时,这一算法的计算量是相当大的。

现在设法改进这一算法。类似于数列求和计算,首先考察两个特例:当 $n=0$ 时,所给计算模型即为所求的解

$$P = a_0$$

这时不需要做任何计算;又当 $n=1$ 时,计算模型

$$P = a_0 x + a_1$$

为简单的一次式,这时虽然需要进行计算,但不存在算法设计问题。

设将多项式的次数规定为多项式求值问题的规模。如果从式(8)的前面两项中提出公因子 x^{n-1},则有

$$P = (a_0 x + a_1) x^{n-1} + \sum_{k=2}^{n} a_k x^{n-k}$$

这样,如果算出一次式

$$v_1 = a_0 x + a_1$$

的值,则所给计算模型(8)便化归为 $n-1$ 次式

$$P = v_1 x^{n-1} + \sum_{k=2}^{n} a_k x^{n-k}$$

的计算,从而使多项式的次数(规模)减少了 1 次。不断地重复这种加工手续,使计算问题的规模逐次减 1,则经过 n 步即可将所给多项式的次数降为 0,从而获得所求的解。这样设计出的算法是

算法 1 令 $v_0 = a_0$,对 $k=1, 2, \cdots$ 直到 $k=n$ 执行算式

$$v_k = x \cdot v_{k-1} + a_k \tag{9}$$

则结果 $P = v_n$ 即为所给多项式(8)的值。

容易看出,按递推算式(9)计算多项式(8)的值,总共只要做 n 次乘法,其计算量远比前述"逐项生成算法"少。这是一种优秀算法。

这种优秀算法称作**秦九韶算法**。它是我国南宋大数学家秦九韶(公元 13 世纪)最先提出来的。需要提醒注意的是,国外文献常称这一算法为 Horner 算法,其实 Horner 的工作比秦九韶晚了五六百年。

秦九韶算法说明,n 次式(8)的求值问题可化归为一次式(9)求值计算的重复。 设以符号 $\Rightarrow$ 表示一次式的求值手续,则秦九韶算法的模型加工流程如下:

$$\begin{matrix} n \text{ 次式求值} \\ (\text{计算模型}) \end{matrix} \Rightarrow n-1 \text{ 次式求值} \Rightarrow \cdots \Rightarrow \begin{matrix} 0 \text{ 次式求值} \\ (\text{计算结果}) \end{matrix}$$

剖析秦九韶算法可以看到,算法的研制大致分算法设计与算法实现相互伴随但方向相反的两个环节:

(1) 算法设计是个模型加工过程,即逐步降低多项式的次数,直到将所给计算模型加工成所求的解。这是个化繁为简的化归过程。

(2) 算法实现则是某种简单规则反复调用的过程,即反复施行一次式求值手续直到生成所求的计算结果。这是个以简御繁的处理过程。

最后再类比秦九韶算法(9)与累加求和算法(5),显然它们两者的设计机理是相通的。类似于和式的嵌套结构(7),所给多项式(8)同样可表示为如下多重嵌套结构

$$P = (\cdots((a_0 x + a_1)x + a_2)x + \cdots + a_{n-1})x + a_n$$

从而同样可以用多项式的层数来表达多项式求值问题的规模。

0.3 化难为易的校正技术

上一节介绍了设计直接法的缩减技术。**直接法针对这样的问题,它的规模为正整数,而解则是规模足够小(通常规模为 0 或 1)的退化情形。** 这样,只要设法令规模逐次减 1,即可将计算模型逐步加工成解的形式。这种加工过程可用"大事化小,小事化了"这句俗话来概括。

有些问题的"大事化小"过程似乎无法了结。Zeno 悖论强调人"永远"赶不上龟正是为了突出这层含义。这是一类无限的逼近过程,其问题的规模通常是实数。如果所设计出的这类逼近过程具有某种压缩性,即其逼近误差能按某种比例一致地缩减,那么,适当提供某个精度即可控制计算过程的终止。这样设计出的算法通常称作**迭代法**。

1. Zeno 悖论中的"Zeno 钟"

Zeno 悖论中所表述的人龟追赶问题其实是容易求解的。设人与龟起初相距

S,两者速度分别为 V 与 v,则容易列出方程

$$Vt - vt = S \tag{10}$$

因此人追上龟实际所花费的时间

$$t^* = \frac{S}{V-v}$$

再运用所谓的预报校正技术来处理这个简单问题,为将来求解一般非线性问题做准备。

设存在解 t^* 的某个**预报值**为 t_0,希望提供校正量 Δt,使校正值

$$t_1 = t_0 + \Delta t$$

能更好地满足所给方程(10),即尽可能使下式成立:

$$V(t_0 + \Delta t) - v(t_0 + \Delta t) \approx S$$

注意到 v 是个小量,设校正量 Δt 也是小量,则自然可以从上式中略去乘积项 $v\Delta t$,而令校正量 Δt 满足

$$V(t_0 + \Delta t) - vt_0 = S \tag{11}$$

求解这个方程,所定出的校正值 $t_1 = t_0 + \Delta t$ 为

$$t_1 = \frac{S + vt_0}{V}$$

进一步视 t_1 为新的预报值,重复施行上述手续求出新的校正值 t_2,依 t_2 再定出 t_3,如此反复地做下去,即可生成一系列近似值 $t_1, t_2, \cdots$,这就规定了一个**迭代过程**,其**迭代公式**为

$$t_{k+1} = \frac{S + vt_k}{V}, \quad k = 0, 1, 2, \cdots \tag{12}$$

Zeno 悖论所表述的逼近过程正是这种迭代过程,当 $k \to \infty$ 时,式(12)的迭代值 t_k 将逐步收敛到人追上龟所需的时间 t^*。

那么,Zeno 悖论强调人"永远"追不上龟,试图表达什么含义呢?

大家知道,任何形式的重复均可作为"时间"的量度。Zeno 在刻画人龟追赶过程时设置了两个"时钟":一个是日常钟 t_k,其含义无需解释;Zeno 又将迭代次数 k——即一追一赶过程(见图0.1)的重复次数视为另一种"时钟",不妨称这一时钟为 **Zeno 钟**。Zeno 钟 k 是一种离散的计数方式,它仅仅取正整数值。Zeno 公式(12)表明,当 Zeno 钟 k 趋于 $+\infty$ 时人才能追上龟,Zeno 悖论正是据此断言人永远追不上龟。

2. 求开方值的迭代公式

早在四千多年以前,在亚洲西南部的古巴比伦地区(现今的伊拉克境内)就已经萌发出数学智慧的幼芽。古巴比伦数学取得了一系列重要成就,譬如制成

了有关平方根的计算表。古巴比伦人制造开方表的方法难以考证，不过可以想象其计算方法必定相当的简单。

相对于加减乘除四则运算来说，开方运算无疑是复杂的。人们自然希望将复杂的开方运算化归为某些四则运算的重复。

给定 $a>0$，求开方值 $\sqrt{a}$ 的问题就是要解方程

$$x^2 - a = 0 \tag{13}$$

这样归结出的是个非线性方程，从初等数学的角度来看它的求解有难度。该如何化难为易呢？

设给定预报值 x_0，希望借助于简单方法确定校正量 Δx，使校正值 $x_1 = x_0 + \Delta x$ 能够比较准确地满足所给方程(13)，即有

$$(x_0 + \Delta x)^2 \approx a$$

假设校正值 Δx 是个小量，为简化计算，舍去上式中的高阶小量 $(\Delta x)^2$，而令

$$x_0^2 + 2x_0 \Delta x = a$$

这是关于 Δx 的一次方程，据此定出 Δx，从而对校正值 $x_1 = x_0 + \Delta x$ 有

$$x_1 = \frac{1}{2}\left(x_0 + \frac{a}{x_0}\right)$$

反复施行这种预报校正手续，即可导出**开方公式**

$$x_{k+1} = \frac{1}{2}\left(x_k + \frac{a}{x_k}\right), \quad k = 0, 1, 2, \cdots \tag{14}$$

从给定的某个初值 $x_0 > 0$ 出发，利用上式反复迭代，即可获得满足精度要求的开方值 $\sqrt{a}$。

算法 2　任给 $x_0 > 0$，对 $k = 0, 1, 2, \cdots$ 执行算式(14)，当偏差 $|x_{k+1} - x_k| < \varepsilon$（$\varepsilon$ 为给定精度）时获得的近似值 x_k 即为所求。

例　用开方算法求 $\sqrt{2}$，设取 $x_0 = 1$。

解　$\sqrt{2}$ 的准确值为 $1.414\ 213\ 56\cdots$，这里迭代 5 次得到 $\varepsilon = 10^{-6}$ 的结果 $1.414\ 214$（见表 0.1）。

表 0.1

k	x_k	k	x_k
0	1	3	1.414 216
1	1.500 000	4	1.414 214
2	1.466 667	5	1.414 214

再给出开方公式(14)的几何解释。对给定的近似值 $x_k \approx \sqrt{a}$，有 $a/x_k \approx \sqrt{a}$，即 a/x_k 可视为与 x_k 相伴随的近似值，式(14)表明，这一对近似值的算术平均值 x_{k+1} 是个更好的近似值。注意到所求方根 $\sqrt{a}$ 实际上是这一对近似值的几何平均值：

$$\sqrt{x_k \cdot \frac{a}{x_k}} = \sqrt{a}$$

因而**开方公式(14)**可理解为用 x_k 与 a/x_k **两者的算术平均值** x_{k+1} **来逐步逼近它们的几何平均值** $\sqrt{a}$。

3.　校正技术的设计思想

上述开方算法虽然结构简单，但它深刻地揭示了校正技术的设计思想。前面已指出，**算法设计的基本原则是以简御繁**，即将复杂计算化归为一系列简单计算的重复。简单的重复生成复杂，迭代法突出地体现了这项原则，其设计思想可概括为**删繁就简，逐步求精**。

"删繁就简" 的含义是，删去所给复杂方程中某些高阶小量，而简化生成所谓**校正方程**，以确定所给预报值的校正量。关于校正方程有以下两项基本要求：

（1）**逼近性**

它与所给方程是近似的。逼近程度越高，所获得的校正量越准确。

（2）**简单性**

校正方程越简单，所需计算量越小。求校正量通常采取显式计算。

应当指出的是，在设计校正方程时，上述逼近性与简单性往往是顾此失彼的两个矛盾因素。逼近性高，往往会导致校正方程的复杂化，使计算量显著增加。在具体设计校正方程时需要权衡得失。

如何利用简单的校正方程获得所给复杂方程的解呢？**为使简单转化为复杂，一种行之有效的途径是递推化。** 对于给定的某个预报值 x_0，利用校正方程计算校正量，从而得出校正值 x_1，这就完成了迭代过程的一步。是否需要继续迭代取决于校正量是否满足精度要求。如果不满足精度要求，则用老的校正值充当新的预报值重复上述步骤。如此继续下去，直到所获得的校正值满足精度要求为止。可见，迭代

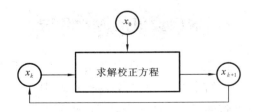

图 0.2　迭代法的逐步求精过程

过程是个"逐步求精"的演化过程，如图 0.2 所示。

0.4 化粗为精的松弛技术

1. Zeno 算法的升华

再考察 Zeno 算法。对于给定的预报值 t_0，按式(12)的校正值为

$$t_1 = \frac{S + vt_0}{V}$$

据此有

$$Vt_1 - vt_0 = S$$

两端同除以 $V - v$，有

$$\frac{V}{V-v}t_1 - \frac{v}{V-v}t_0 = \frac{S}{V-v}$$

需要提醒注意的是，上式右端

$$t^* = \frac{S}{V-v}$$

为人追上龟实际所需的时间，即人龟追赶问题的精确解（参看前一节）。由此可见，精确解 t^* 等于任给预报值 t_0 同它的校正值 t_1 两者的加权平均：

$$t^* = (1+\omega)t_1 - \omega t_0 \tag{15}$$

式中

$$\omega = \frac{v}{V-v}$$

可以看到，这里将**任意**一对迭代值 t_0, t_1（它们的精度可能都很差），按固定算式(15)进行松弛，结果总可以获得所给方程的精确解 t^*。这种加工效果是奇妙的。

2. 求倒数值的迭代算法

再考察一个例子：设给定 $a \neq 0$，试不用除法计算倒数值 $x^* = 1/a$。

设给定某个预报值 $x_0 \approx 1/a$，则 $ax_0 \approx 1$，因而有 $\overline{x}_0 = ax_0^2 \approx 1/a$，即 $\overline{x}_0$ 是与 x_0 相伴随的另一个近似值。注意到当 $x_0 > x^*$ 时 $\overline{x}_0 > x_0$，而当 $x_0 < x^*$ 时 $\overline{x}_0 < x_0$，由此知 $x_0, \overline{x}_0$ 位于 x^* 的同一侧，如图 0.3 所示：

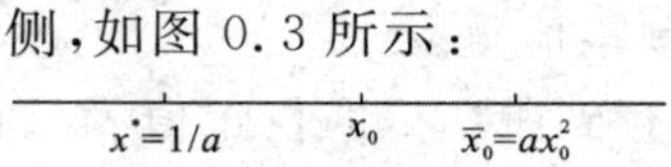

图 0.3 x_0 与 $\overline{x}_0$ 在数轴上位于 x^* 的同一侧

考虑到 $ax_0 \approx 1$,有

$$\overline{x}_0 - x_0 = ax_0^2 - x_0 = ax_0\left(x_0 - \frac{1}{a}\right)$$

$$\approx x_0 - \frac{1}{a}$$

$$= x_0 - x^*$$

因此有

$$x^* \approx 2x_0 - \overline{x}_0, \quad \overline{x}_0 = ax_0^2$$

从而有迭代公式

$$x_{k+1} = 2x_k - ax_k^2, \quad k = 0, 1, 2, \cdots \tag{16}$$

值得注意的是,这里伴随的一对近似值 x_k 与 ax_k^2 有本质的区别:x_k 为优,而 $\overline{x}_k = ax_k^2$ 为劣(见图 0.3)。面对这种情况,在松弛公式(16)中令 x_k 的权系数为 2,而取 $\overline{x}_k = ax_k^2$ 的权系数等于 -1,这种"优劣互补"的加工方式显著地改善了精度。

附带指出,早在四千多年前,古巴比伦人就研制出一批计算倒数的数据表。利用这些数据表可将除法运算转化为加法和乘法运算。有趣的是,早期的电子计算机由于硬件设备代价昂贵,也曾考虑不设置除法操作。这是数学史上又一例"返祖"现象。

3. 松弛技术的设计思想

在实际计算中常常可以获得与目标值 F^* 相伴随的两个近似值 F_0 与 F_1,如何将它们加工成更高精度的结果呢?改善精度的一种简便而有效的办法是,取两者的某种加权平均值作为改进值:

$$\hat{F} = (1 - \omega)F_0 + \omega F_1$$

$$= F_0 + \omega(F_1 - F_0)$$

也就是说,适当选取权系数 ω 来调整校正量 $\omega(F_1 - F_0)$,以将 F_0 和 F_1 加工成更高精度的结果 $\hat{F}$。正是由于这种方法是基于校正量的调整与松动,通常称之为松弛技术。权系数 ω 称松弛因子。

有一种情况特别引人注目:所提供的一对近似值 F_0,F_1 有优劣之分,譬如 F_1 为优而 F_0 为劣,这时往往采取如下松弛方式:

$$\hat{F} = (1 + \omega)F_1 - \omega F_0, \quad \omega > 0$$

也就是说,在松弛过程中张扬 F_1 的优势而抑制 F_0 的劣势,这种设计策略称作外推加速技术,简称超松弛。通常所说的松弛技术主要指超松弛。

概括地说,超松弛技术的设计机理是**优劣互补,化粗为精**。

值得注意的是，欲使松弛技术真正实现提高精度的效果，关键在于松弛因子 ω 的选取，而这往往是相当困难的。

令人不可思议的是，早在 1800 年前刘徽的名著《割圆术》中就已经提出了逼近加速的松弛技术，并圆满解决了松弛因子的设计方法。读者可参阅本书第 8 章。

0.5 总览全书概貌

本书共分三个部分。

第一部分（前三章）的着眼点是**数学模型代数化**。由于微积分概念本质上具有连续性与无限性，为将微积分方法用于科学计算，必须将无限转化为有限，将连续转化为离散，这就需要将微积分问题代数化，化归为某些参数的代数方程。

第二部分（第 4 至 6 章）的立足点是**代数方程递推化**。无论是函数方程还是代数方程，它们的解都隐藏在计算模型之中，算法设计的任务是，将所要求解的方程转化为一系列显式的递推公式。

第三部分（第 7 章和第 8 章）介绍高效算法设计。

高效算法的设计机理是传统算法的延伸和发展。例如传统算法设计的缩减技术，其设计方法是将计算问题的规模逐次减 1。为提高计算速度，高效算法的设计方法是将计算问题的规模逐次减半，这种高效的缩减技术称作**二分技术**。

此外，本书最末一章介绍的刘徽加速技术，其实是近代算法外推加速技术的本源和升华。这些内容都是本书的亮点和创新点。

总之，进一步了解高效算法的设计策略，对于深化数值分析课程的学习是非常有益的。

科学技术日新月异，人们正奋力与时俱进。传统数值分析课程的改造和提升将是历史的必然。然而，由于高效算法现已超出教学大纲的既定范围，有关章节尚不能作为课堂讲授的必修内容，故置于第三部分供有兴趣的同学们参考。

本 章 小 结

学习计算机上的数值算法，要领悟一条基本原理，区分两类基本方法，掌握四种基本技术。

1. 计算机上数值算法设计技术大致有四种：缩减技术、校正技术、超松弛技术和二分技术，其设计机理与设计思想如表 0.2 所示。

表 0.2

设 计 技 术	设 计 机 理		设 计 思 想
缩减技术	大事化小	小事化了	化大为小
校正技术	以简御繁	逐步求精	化难为易
超松弛技术	优劣互补	激浊扬清	变粗为精
二分技术	刚柔相推	变在其中	变慢为快

　　这四种技术并不是孤立的,它们彼此有着深刻的联系,二分技术是缩减技术的加速,而超松弛技术则是校正技术的优化。它们分别是直接法与迭代法的设计技术。

　　2. 值得指出的是,直接法与迭代法是相通的。如前所述,这两类算法本质上都是按照规模缩减的原则演化的,不过,直接法的规模是正整数,其规模缩减是一个有限过程;而迭代法的规模(某种事先定义的误差)是实数,其规模缩减本质上是一个无穷过程。在后文将会看到,对于某些计算问题,所设计出的迭代法与直接法互为反方法(第 6 章的小结)。

　　3. 计算机上的算法形形色色,但万变不离其宗。不管哪一种数值算法,其设计原理都是将复杂转化为简单的重复,或者说,通过简单的重复生成复杂。在算法设计与算法实现过程中,重复就是力量!

习　　题

　　1. 运用缩减技术设计

$$T = \prod_{i=0}^{n} a_i$$

的累乘求积算法。

　　2. 运用缩减技术设计

$$Q = \sum_{i=0}^{n} \left(\prod_{j=0}^{i-1} b_j \right) a_i$$

的求值算法(这里约定 $\prod_{j=0}^{-1} b_j = 1$)。

　　3. 用校正技术解方程

$$\frac{1}{x} - a = 0$$

并设计求倒数 $1/a$ 而不用除法的迭代算法。

　　4. 试将多项式 $p(x) = 3x^5 + x + 7$ 写成嵌套形式。

　　5. 取 $x_0 = 1$,用迭代公式

$$x_{k+1} = \frac{1}{1+x_k}$$

计算方程 $x^2 + x - 1 = 0$ 的正根 $x^* = \dfrac{-1+\sqrt{5}}{2}$，要求精度 10^{-5}。

6. 将题 5 迭代前后的值加权平均生成迭代公式

$$x_{k+1} = \omega x_k + (1-\omega)\frac{1}{1+x_k}$$

证明：若取 $\omega = \dfrac{7}{25}$，则上述公式可改进题 5 的收敛速度。

第1章 插值方法

高等数学的研究对象是函数。函数求值是科学计算的一项重要内容。

实际问题中碰到的函数 $f(x)$ 是各种各样的,有的表达式很复杂,有的甚至给不出数学式子,只提供了一些离散数据,譬如某些点上的函数值和导数值。由于问题的复杂性,直接研究函数 $f(x)$ 可能很困难。面对这种情况,一个很自然的想法是,设法将所考察的函数 $f(x)$ "简单化",就是说,构造某个简单函数 $p(x)$ 作为 $f(x)$ 的近似函数,然后通过处理 $p(x)$ 获得关于 $f(x)$ 的结果。如果要求近似函数 $p(x)$ 取给定的离散数据,则称之为 $f(x)$ 的**插值函数**。

选用不同类型的插值函数,其逼近的效果也不同。由于代数多项式的结构简单,数值计算和理论分析都很方便,理论分析时常取代数多项式作为插值函数,这就是**代数插值**。

本章先讨论代数插值,然后在此基础上进一步研究样条插值。

1.1 插值问题的提法

1. 什么是插值

假设通过科学实验或数值计算已经获得若干节点 x_i 上的函数值 $f(x_i)=y_i$,$i=0,1,\cdots,n$,即提供了一张**数据表**(见表 1.1)

表 1.1

x	x_0	x_1	x_2	$\cdots$	x_n
$y=f(x)$	y_0	y_1	y_2	$\cdots$	y_n

如何利用这张数据表求某个给定点 x 上的函数值 $y=f(x)$ 呢?

所谓"插值",通俗地说,就是在所给函数表中再"插"进一些所需要的函数值。数据表中函数值已知的节点 x_i 称为**插值节点**,插值节点上所给的函数值 $y_i=f(x_i)$ 称为**样本值**。函数值待求的点 x 称为**插值点**。

插值方法源于科学研究的实践。17 世纪的西欧科学探索活动空前活跃,发生了诸如哥伦布发现"新大陆"、麦哲伦环球航行等一系列重大事件。科学实践活动的客观需要强烈地刺激了插值方法的深入研究。

插值方法是一类古老的数学方法。早在一千多年前的隋唐时期,智慧的中华先贤在制定历法的过程中就已经广泛地应用了插值技术。中华先贤关于插值方法的研究远比西方早得多。

2. Taylor 插值

人们所熟悉的 Taylor 展开方法其实就是一种插值方法。温故而知新,首先回顾一下这种方法是有益的。考虑到 **Taylor 多项式**

$$p_n(x) = f(x_0) + f'(x_0)(x-x_0) + \frac{f''(x_0)}{2!}(x-x_0)^2$$

$$+ \cdots + \frac{f^{(n)}(x_0)}{n!}(x-x_0)^n \tag{1}$$

与 $f(x)$ 在点 x_0 处具有相同的导数值

$$p_n^{(k)}(x_0) = f^{(k)}(x_0), \quad k = 0, 1, \cdots, n$$

因此,$p_n(x)$ 在点 x_0 邻近会很好地逼近 $f(x)$。下述 **Taylor 余项定理** 则是众所周知的。

定理 1 假设 $f(x)$ 在含有点 x_0 的区间 $[a,b]$ 内有直到 $n+1$ 阶的导数,则当 $x \in [a,b]$ 时,对于由式(1)给出的 $p_n(x)$,有下式成立:

$$f(x) - p_n(x) = \frac{f^{(n+1)}(\xi)}{(n+1)!}(x-x_0)^{n+1}$$

式中 ξ 介于 x_0 与 x 之间,因而 $\xi \in [a,b]$。

所谓 **Taylor 插值** 是指下述插值问题:

问题 1 构造 n 次多项式 $p_n(x)$[①],使其满足条件

$$p_n^{(k)}(x_0) = y_0^{(k)}, \quad k = 0, 1, \cdots, n$$

这里 $y_0^{(k)}(k=0,1,\cdots,n)$ 为一组已给数据。

对于给定的函数 $f(x)$,若导数值 $f^{(k)}(x_0) = y_0^{(k)}(k=0,1,\cdots,n)$ 已给,则上述 Taylor 插值问题的解就是 Taylor 多项式(1)。

例 1 求 $f(x) = \sqrt{x}$ 在 $x_0 = 100$ 的一次和二次 Taylor 多项式,利用它们计算 $\sqrt{115}$ 的近似值并估计误差。

解 由于 $x_0 = 100$,而

$$f(x) = \sqrt{x}, \quad f'(x) = \frac{1}{2\sqrt{x}}, \quad f''(x) = -\frac{1}{4x\sqrt{x}}$$

$$f(x_0) = 10, \quad f'(x_0) = \frac{1}{20}, \quad f''(x_0) = -\frac{1}{4\,000}$$

---

① 在这一章,所谓"n 次多项式"常常泛指次数不超过 n 的多项式。

$f(x)$ 在 x_0 的一次 Taylor 多项式是

$$p_1(x) = f(x_0) + f'(x_0)(x - x_0) = 5 + 0.05x$$

用 $p_1(x)$ 作为 $f(x)$ 的近似表达式，容易求出当 $\bar{x} = 115$ 时

$$\sqrt{115} = f(\bar{x}) \approx p_1(\bar{x}) = 10.75$$

据定理 1 可估计出误差

$$0 > f(\bar{x}) - p_1(\bar{x}) = \frac{f''(\xi)}{2}(\bar{x} - x_0)^2$$

$$> \frac{f''(x_0)}{2}(\bar{x} - x_0)^2 = -0.028\ 125$$

$\sqrt{115}$ 的精确值为 $10.723\ 805\cdots$，与精确值相比较，近似值 10.75 的误差大约等于 -0.026，因而它有 3 位有效数字[①]。

修正 $p_1(x)$ 可进一步得出二次 Taylor 多项式

$$p_2(x) = p_1(x) + \frac{f''(x_0)}{2}(x - x_0)^2$$

据此可得到新的近似值

$$\sqrt{115} = f(\bar{x}) \approx p_2(\bar{x}) = 10.75 - 0.028\ 125 = 10.721\ 875$$

这个结果有 4 位有效数字。

3. Lagrange 插值

上述 Taylor 插值要求提供 $f(x)$ 在点 x_0 处的各阶导数值，这项要求很苛刻，函数 $f(x)$ 的表达式必须相当简单才行，为了克服这一困难，人们将一个点上多个导数值替换成多个点上的函数值，而考察下述插值问题：

问题 2　构造 n 次多项式 $p_n(x)$，使其满足条件

$$p_n(x_i) = y_i, \quad i = 0, 1, \cdots, n \tag{2}$$

这就是 **Lagrange 插值**。点 x_i（它们互不相同）称为**插值节点**。

讨论 Lagrange 插值的可解性。设所求的插值多项式为

$$p_n(x) = a_0 + a_1 x + a_2 x^2 + \cdots + a_n x^n$$

则插值条件(2)具体写出来是关于系数 $a_0, a_1, \cdots, a_n$ 的线性方程组

$$\begin{cases} a_0 + a_1 x_0 + a_2 x_0^2 + \cdots + a_n x_0^n = y_0 \\ a_0 + a_1 x_1 + a_2 x_1^2 + \cdots + a_n x_1^n = y_1 \\ \qquad\qquad\qquad\qquad\qquad\vdots \\ a_0 + a_1 x_n + a_2 x_n^2 + \cdots + a_n x_n^n = y_n \end{cases}$$

---

①　众所周知，如果近似值 x 的误差值是它的某一位的半个单位，我们就说它"准确"到这一位，并且从这一位起直到前面第一个非零数字为止的所有数字均称**有效数字**。

其系数行列式是所谓 **Vandermonde 行列式**

$$V = \begin{vmatrix} 1 & x_0 & x_0^2 & \cdots & x_0^n \\ 1 & x_1 & x_1^2 & \cdots & x_1^n \\ \vdots & \vdots & \vdots & & \vdots \\ 1 & x_n & x_n^2 & \cdots & x_n^n \end{vmatrix} = \prod_{j \neq i}(x_i - x_j) = \prod_{i=0}^{n} \prod_{j=0}^{i}(x_i - x_j)$$

如果节点 $x_0, x_1, \cdots, x_n$ 互不相同,则行列式 V 的值必异于 0,据此可以断定,Lagrange 插值多项式 $p_n(x)$ 存在并且是唯一的。

以上关于插值问题可解性的论证是构造性的,通过求解线性方程组即可确定插值函数 $p_n(x)$。问题在于这种算法的计算量大,不便于实际应用。

插值多项式的构造能否回避求解线性方程组呢?

回答是肯定的。下面提供插值多项式的显式表达式。

1. 2　Lagrange 插值公式

1. 线性插值

首先考察线性插值的简单情形。

问题 3　构造一次式 $p_1(x)$[①],使其满足条件

$$p_1(x_0) = y_0, \quad p_1(x_1) = y_1$$

从几何图形上看,$y = p_1(x)$ 表示通过两点 (x_0, y_0),(x_1, y_1) 的直线。因此,一次插值亦称**线性插值**。

上述简单的线性插值是人们所熟悉的,它的解 $p_1(x)$ 可表示为下列**点斜式**

$$p_1(x) = y_0 + \frac{y_1 - y_0}{x_1 - x_0}(x - x_0) \tag{3}$$

例 2　已知 $\sqrt{100} = 10, \sqrt{121} = 11$,求 $y = \sqrt{115}$。

解　这里 $x_0 = 100, y_0 = 10, x_1 = 121, y_1 = 11$。令 $x = 115$ 代入式(3),求得 $y = 10.714\,28$,这个结果有 3 位有效数字(试与例 1 的结果相比较)。

我们知道,线性插值公式(3)亦可表示为下列**对称式**

$$p_1(x) = \frac{x - x_1}{x_0 - x_1}y_0 + \frac{x - x_0}{x_1 - x_0}y_1 \tag{4}$$

若令

---

①　再强调一遍,严格地讲,这里 $p_1(x)$ 是不高于一次的多项式,譬如,若 $y_1 = y_0$,则插值多项式 $p_1(x) = y_0$ 是个零次式。

$$l_0(x) = \frac{x - x_1}{x_0 - x_1}, \quad l_1(x) = \frac{x - x_0}{x_1 - x_0}$$

则有

$$p_1(x) = y_0 l_0(x) + y_1 l_1(x) \tag{5}$$

注意,这里的 $l_0(x)$ 和 $l_1(x)$ 分别可以看作是满足条件

$$l_0(x_0) = 1, \quad l_0(x_1) = 0$$
$$l_1(x_1) = 1, \quad l_1(x_0) = 0$$

的插值多项式。这两个特殊的插值多项式称作问题 3 的**插值基函数**(见图 1.1)。

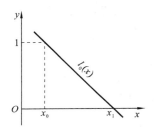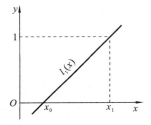

图 1.1　两点插值的基函数

式(5)表明,插值问题 3 的解 $p_1(x)$ 可以通过插值基函数 $l_0(x)$ 和 $l_1(x)$ 组合得出,且组合系数恰为所给数据 y_0, y_1。

2.　抛物插值

线性插值仅仅利用了两个节点上的信息,精度自然很低,为了提高精度,进一步考察下述二次插值。

问题 4　构造二次式 $p_2(x)$,使其满足条件

$$p_2(x_0) = y_0, \quad p_2(x_1) = y_1, \quad p_2(x_2) = y_2 \tag{6}$$

二次插值的几何解释是,用通过三点 (x_0, y_0),(x_1, y_1),(x_2, y_2) 的抛物线 $y = p_2(x)$ 来近似表示所考察的曲线 $y = f(x)$,因此这类插值亦称**抛物插值**。

为了得出插值多项式 $p_2(x)$,先解决一个特殊的二次插值问题:构造二次式 $l_0(x)$,使其满足条件

$$l_0(x_0) = 1, \quad l_0(x_1) = l_0(x_2) = 0 \tag{7}$$

这个问题是容易求解的。事实上,由式(7)的后两个条件知,x_1, x_2 是 $l_0(x)$ 的两个零点,因而

$$l_0(x) = c(x - x_1)(x - x_2)$$

再利用式(7)剩下的一个条件 $l_0(x_0) = 1$ 确定系数 c,结果得出

$$l_0(x) = \frac{(x - x_1)(x - x_2)}{(x_0 - x_1)(x_0 - x_2)}$$

类似地,可以构造出满足条件

$$l_1(x_1)=1, \quad l_1(x_0)=l_1(x_2)=0$$

$$l_2(x_2)=1, \quad l_2(x_0)=l_2(x_1)=0$$

的插值多项式 $l_1(x)$ 与 $l_2(x)$,其表达式分别为

$$l_1(x)=\frac{(x-x_0)(x-x_2)}{(x_1-x_0)(x_1-x_2)}$$

$$l_2(x)=\frac{(x-x_0)(x-x_1)}{(x_2-x_0)(x_2-x_1)}$$

这样构造出的 $l_0(x)$,$l_1(x)$ 和 $l_2(x)$ 称作问题 4 的**插值基函数**。

设取已知数据 y_0,y_1,y_2 作为组合系数,将插值基函数 $l_0(x)$,$l_1(x)$,$l_2(x)$ 组合得

$$p_2(x)=\frac{(x-x_1)(x-x_2)}{(x_0-x_1)(x_0-x_2)}y_0+\frac{(x-x_0)(x-x_2)}{(x_1-x_0)(x_1-x_2)}y_1$$

$$+\frac{(x-x_0)(x-x_1)}{(x_2-x_0)(x_2-x_1)}y_2 \tag{8}$$

容易看出,这样构造出的 $p_2(x)$ 满足条件(6),因而它就是问题 4 的解。

例 3 利用 $100,121$ 和 144 的开方值求 $\sqrt{115}$。

解 用抛物插值,这里 $x_0=100$,$y_0=10$,$x_1=121$,$y_1=11$,$x_2=144$,$y_2=12$。令 $x=115$ 代入式(8),求得 $\sqrt{115}$ 的近似值为 $10.722\,8$。同精确值比较,这里得到有 4 位有效数字的结果。

3. 一般情形

进一步求解一般形式的问题 2。仿照线性插值和抛物插值所采用的方法,仍从构造插值基函数入手。这里的**插值基函数** $l_k(x)(k=0,1,\cdots,n)$ 是 n 次多项式,且满足条件

$$l_k(x_j)=\delta_{kj}=\begin{cases}0, & j\neq k \\ 1, & j=k\end{cases} \tag{9}$$

这表明除 x_k 以外的所有节点都是 $l_k(x)$ 的零点,故

$$l_k(x)=c\prod_{\substack{j=0\\j\neq k}}^{n}(x-x_j)$$

而按式(9)剩下的一个条件 $l_k(x_k)=1$ 确定其中的系数 c,结果有

$$l_k(x)=\prod_{\substack{j=0\\j\neq k}}^{n}\frac{x-x_j}{x_k-x_j}$$

这里 $\prod$ 的含义是累乘，$\displaystyle\prod_{\substack{j=0 \\ j\neq k}}^{n}$ 表示乘积遍取下标 j 从 0 到 n 除 k 以外的全部值。

利用插值基函数容易得出问题 2 的解

$$p_n(x) = \sum_{k=0}^{n} y_k l_k(x) = \sum_{k=0}^{n}\Big(\prod_{\substack{j=0 \\ j\neq k}}^{n}\frac{x-x_j}{x_k-x_j}\Big)y_k \tag{10}$$

事实上，由于每个插值基函数 $l_k(x)$ 都是 n 次式，$p_n(x)$ 的次数 $\leqslant n$，又据式 (9) 有

$$p_n(x_i) = \sum_{k=0}^{n} y_k l_k(x_i) = y_i$$

即 $p_n(x)$ 满足插值条件 (2)。

式 (10) 称作 **Lagrange 插值公式**。该公式的形式对称，结构紧凑，因而容易编写计算程序。

4. 插值余项

由于插值函数 $p_n(x)$ 通常只是近似地刻画了原来的函数 $f(x)$，在插值点 x 处计算 $p_n(x)$ 作为 $f(x)$ 的函数值，一般地说总有误差，今后称 $R(x)=f(x)-p_n(x)$ 为插值函数的**截断误差**，或称**插值余项**。利用简单的插值函数 $p_n(x)$ 替代原来很复杂的函数 $f(x)$，这种做法究竟是否有效，要看截断误差是否满足所要求的精度。

下面考察 Lagrange 插值的余项，导出著名的 **Lagrange 余项定理**。

定理 2　设区间 $[a,b]$ 含有节点 $x_0, x_1, \cdots, x_n$，而 $f(x)$ 在 $[a,b]$ 内有连续的直到 $n+1$ 阶导数，且 $f(x_i)=y_i(i=0,1,\cdots,n)$ 已给，则当 $x\in[a,b]$ 时，对于由式 (10) 给出的 $p_n(x)$，满足

$$f(x)-p_n(x) = \frac{f^{(n+1)}(\xi)}{(n+1)!}\prod_{k=0}^{n}(x-x_k) \tag{11}$$

式中 ξ 是与 x 有关的点，它包含在由点 $x_0, x_1, \cdots, x_n$ 和 x 所界定的范围内，因而 $\xi\in[a,b]$。

Lagrange 余项定理与众所周知的 Taylor 余项定理（定理 1）有着深刻的联系。容易看出，作为上述 Lagrange 余项定理（以及 Taylor 余项定理）当 $n=0$ 时的特殊情形，可以得出微分学的中值定理。而由中值定理又可推出 Rolle 定理。耐人寻味的是，上述 Lagrange 余项定理（以及 Taylor 余项定理）的证明，却是以简单的 Rolle 定理为基础的。

证　仅需要考察插值点 x 不是插值节点 x_i 的情形，否则余项公式 (11) 显然

成立。令

$$g(t) = p_n(t) + c\omega(t) \tag{12}$$

式中 c 为待定系数,而

$$\omega(t) = \prod_{k=0}^{n}(t - x_k)$$

由于节点 $x_i(i=0,1,\cdots,n)$ 都是 $\omega(t)$ 的零点,据插值条件(2)有

$$g(x_i) = f(x_i), \quad i = 0,1,\cdots,n$$

此外,若取

$$c = \frac{f(x) - p_n(x)}{\omega(x)} \tag{13}$$

则又有 $g(x) = f(x)$。这样,误差函数 $R(t) = f(t) - g(t)$ 至少有 $n+2$ 个零点 x_0, $x_1,\cdots,x_n$ 和 x(它们互不相同)。据 Rolle 定理,$R'(t)$ 在 $R(t)$ 的任意两个相邻的零点之间至少有一个零点,故它在 $[a,b]$ 内至少有 $n+1$ 个互异的零点。再对 $R'(t)$ 应用 Rolle 定理,知 $R''(t)$ 在 $[a,b]$ 内至少有 n 个互异的零点。依此类推,知 $R^{(n+1)}(t)$ 在 $[a,b]$ 内至少有一个零点,记之为 ξ,则

$$R^{(n+1)}(\xi) = 0$$

另一方面,利用式(12)直接求导知

$$R^{(n+1)}(t) = f^{(n+1)}(t) - g^{(n+1)}(t) = f^{(n+1)}(t) - c(n+1)!$$

上式令 $t = \xi$,并注意到式(13),得

$$f^{(n+1)}(\xi) - \frac{f(x) - p_n(x)}{\omega(x)}(n+1)! = 0$$

据此稍加整理即得式(11)。定理得证。

Lagrange 余项定理在理论上有重要价值,它刻画了 Lagrange 插值的某些基本特征。

譬如,由于余项中含有因子

$$\omega(x) = (x - x_0)(x - x_1)\cdots(x - x_n)$$

如果插值点 x 偏离插值节点 x_i 比较远,插值效果可能不理想。通常称插值节点所界定的范围 $[\min_{0 \leqslant i \leqslant n} x_i, \max_{0 \leqslant i \leqslant n} x_i]$ 为**插值区间**。如果插值点 x 位于插值区间内,这种插值过程称为**内插**;否则称为**外推**。余项定理表明,插值的外推过程是不可靠的。

另外,注意到余项公式(11)中还含有高阶导数 $f^{(n+1)}(\xi)$,这就要求 $f(x)$ 是足够光滑的。**如果所逼近的函数 $f(x)$ 光滑性差,则代数插值不一定能奏效。这不足为怪,因为代数多项式是任意光滑的,因此原则上只适用于逼近光滑性好的函数。**

1.3　逐步插值算法

Lagrange 插值公式(10)的形式对称,结构紧凑,其中所有节点的地位都是对等的。这种对称结构所带来的问题是,如果临时需要增加一个插值节点,则式中所有系数都要重算,这就会造成计算量的浪费。

所谓逐步插值是一种逐步升阶的插值过程。这种方法将多点插值逐步归结为两点插值的重复,或者说,通过两点插值的重复逐步地生成多点插值。

1.　两点插值的松弛公式

再深入剖析两点插值。

对于给定的插值点 x,两点插值的结果 y 实际上是两个样本值 y_0, y_1 的加权平均值。事实上,插值公式(4)具有如下形式

$$y = (1-\omega)y_0 + \omega y_1$$
$$= y_0 + \omega(y_1 - y_0) \tag{14}$$

式中松弛因子

$$\omega = \frac{x - x_0}{x_1 - x_0} \tag{15}$$

依据这一松弛公式比较内插与外推两类插值过程。对于内插的情形,插值点 x 位于插值区间 $[x_0, x_1]$ 内,即 $x_0 < x < x_1$,因而按式(15)有

$$0 < \omega < 1$$

这里按式(14)求得的插值结果 y 介于两个样本值 y_0 和 y_1 之间。

譬如例 2 利用 $100, 121$ 的开方值计算 $\sqrt{115}$ 就是个内插过程。反之,对于外推的情形,插值点 x 位于插值区间 $[x_0, x_1]$ 之外,即 $x < x_0$ 或 $x > x_1$,从而按式(15)有

$$\omega > 1 \quad 或 \quad \omega < 0$$

在这种情况下,所给样本值 y_0, y_1 相对于插值结果 y 有优劣之分。例如,当 $\omega < 0$ 时 y_0 介于 y 与 y_1 之间,因而样本值 y_0 为优而 y_1 为劣。这就是说,按式(10)生成插值结果 y,实际上采取了否定 y_1 而肯定 y_0 的"矫枉过正"的方法。

例 4　已知 $\sqrt{121} = 11, \sqrt{144} = 12$,求 $\sqrt{115}$。

解　这里 $x_0 = 121, y_0 = 11, x_1 = 144, y_1 = 12$,取 $x = 115$ 代入式(15)知

$$\omega = \frac{115 - 121}{144 - 121} = -0.260\ 87$$

从而据式(14)有

$$y = 11 - 0.260\ 87 \times (12 - 11) = 10.739\ 13$$

这是个外推过程。显然,样本值 $y_0 = 11$ 比 $y_1 = 12$ 更接近于插值结果 $y = 10.739\ 13$,也就是说,两个样本值相对插值结果有优劣之分。

2. 插值公式的逐步构造

为了说明逐步插值算法的设计思想,再考察三点插值的情形。对于给定的插值点 x,设记三对数据 (x_0, y_0),(x_1, y_1),(x_2, y_2) 的插值结果为 y_{02},则依式(8)知

$$y_{02} = \frac{(x-x_1)(x-x_2)}{(x_0-x_1)(x_0-x_2)} y_0 + \frac{(x-x_0)(x-x_2)}{(x_1-x_0)(x_1-x_2)} y_1 + \frac{(x-x_0)(x-x_1)}{(x_2-x_0)(x_2-x_1)} y_2$$

$$(16)$$

另一方面,设将两组数据 (x_0, y_0),(x_1, y_1) 与 (x_1, y_1),(x_2, y_2) 分别进行两点插值的插值结果记为 y_{01} 与 y_{12},则依式(4)有

$$y_{01} = \frac{x-x_1}{x_0-x_1} y_0 + \frac{x-x_0}{x_1-x_0} y_1 \qquad (17)$$

$$y_{12} = \frac{x-x_2}{x_1-x_2} y_1 + \frac{x-x_1}{x_2-x_1} y_2 \qquad (18)$$

可以看到,y_{02} 同 y_{01},y_{12} 都依赖于三个样本值 y_0,y_1,y_2,自然会问,能否用 y_{01} 与 y_{12} 适当加权平均生成 y_{02} 呢?

设

$$y_{02} = (1-\omega) y_{01} + \omega y_{12}$$

据式(16)~式(18),欲使上式左右两端 y_0,y_1,y_2 的系数相等,要求下列方程组成立:

$$\begin{cases} \dfrac{(x-x_1)(x-x_2)}{(x_0-x_1)(x_0-x_2)} = (1-\omega) \dfrac{x-x_1}{x_0-x_1} \\[2mm] \dfrac{(x-x_0)(x-x_2)}{(x_1-x_0)(x_1-x_2)} = (1-\omega) \dfrac{x-x_0}{x_1-x_0} + \omega \dfrac{x-x_2}{x_1-x_2} \\[2mm] \dfrac{(x-x_0)(x-x_1)}{(x_2-x_0)(x_2-x_1)} = \omega \dfrac{x-x_1}{x_2-x_1} \end{cases}$$

表面上看,这是个关于 ω 的超定方程组,其实它有唯一解

$$\omega = \frac{x-x_0}{x_2-x_0}$$

由此得知,关于三对数据 (x_0, y_0),(x_1, y_1),(x_2, y_2) 的插值结果 y_{02},可以看作关于两对数据 (x_0, y_{01}),(x_2, y_{12}) 的插值结果。这就是说,三点插值公式(8)可以表达为一组递推型的两点插值公式

$$y_{01} = y_0 + \omega_{01}(y_1 - y_0), \qquad \omega_{01} = \frac{x - x_0}{x_1 - x_0}$$

$$y_{12} = y_1 + \omega_{12}(y_2 - y_1), \qquad \omega_{12} = \frac{x - x_1}{x_2 - x_1}$$

$$y_{02} = y_{01} + \omega_{02}(y_{12} - y_{01}), \qquad \omega_{02} = \frac{x - x_0}{x_2 - x_0} \tag{19}$$

例 5　利用例 2 与例 4 两点插值的结果求 $\sqrt{115}$。

解　这里 $(x_0, y_0) = (100, 10)$，$(x_1, y_1) = (121, 11)$，$(x_2, y_2) = (144, 12)$，$x = 115$，例 2 与例 4 已求出 $y_{01} = 10.714\,28$，$y_{12} = 10.739\,13$，代入式(19)得

$$y_{02} = 10.714\,28 + \frac{115 - 100}{144 - 100} \times (10.739\,13 - 10.714\,28)$$

$$= 10.722\,8$$

这一结果同例 3 是吻合的。

3. 逐步插值的计算流程

上述事实可以推广到多点插值的一般情形。

为便于描述算法，首先引进一种本节专用的记号。对于给定的插值点 x，记 $y_{ij}(j > i)$ 表示顺序排列的 $j - i + 1$ 对数据 (x_i, y_i)，(x_{i+1}, y_{i+1})，…，(x_j, y_j) 的插值结果。譬如，关于三点 (x_0, y_0)，(x_1, y_1)，(x_2, y_2) 与 (x_1, y_1)，(x_2, y_2)，(x_3, y_3) 的插值结果分别记为 y_{02} 与 y_{13}，而关于四点 (x_0, y_0)，(x_1, y_1)，(x_2, y_2)，(x_3, y_3) 的插值结果则记为 y_{03}。

仿照前面的讨论，不难证明，四点插值 y_{03} 可以看作关于两对数据 (x_0, y_{02})，(x_3, y_{13}) 的插值结果，其计算公式为

$$y_{01} = y_0 + \omega_{01}(y_1 - y_0), \qquad \omega_{01} = \frac{x - x_0}{x_1 - x_0}$$

$$y_{12} = y_1 + \omega_{12}(y_2 - y_1), \qquad \omega_{12} = \frac{x - x_1}{x_2 - x_1}$$

$$y_{23} = y_2 + \omega_{23}(y_3 - y_2), \qquad \omega_{23} = \frac{x - x_2}{x_3 - x_2}$$

$$y_{02} = y_{01} + \omega_{02}(y_{12} - y_{01}), \qquad \omega_{02} = \frac{x - x_0}{x_2 - x_0}$$

$$y_{13} = y_{12} + \omega_{13}(y_{23} - y_{12}), \qquad \omega_{13} = \frac{x - x_1}{x_3 - x_1}$$

$$y_{03} = y_{02} + \omega_{03}(y_{13} - y_{02}), \qquad \omega_{03} = \frac{x - x_0}{x_3 - x_0}$$

则逐步插值的计算流程可用图 1.2 表示：

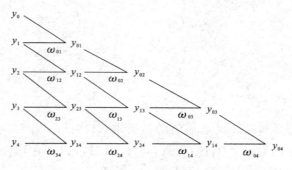

图 1.2 逐步插值的计算流程

这样,对于给定的插值点 x,反复施行两点插值即可生成多点插值的结果。这就是所谓**逐步插值**。依据 Lagrange 插值公式不难导出如下 **Neville 逐步插值公式**

$$y_{ij} = y_{i,j-1} + \omega_{ij}(y_{i+1,j} - y_{i,j-1}), \quad \omega_{ij} = \frac{x - x_i}{x_j - x_i}, \tag{20}$$

$$j = 1, 2, \cdots, n; \quad i = j-1, j-2, \cdots, 0$$

值得指出的是,由于 Neville 插值表中每个数据均为插值结果,因而从这些数据的一致程度即可判断插值结果的精度。依据这一事实,可以**逐行生成** Neville 插值表,每做一步就检查一下计算结果的精度——譬如检验相邻两行对应数据 y_{1j} 与 $y_{0,j-1}$ 的偏差。如果偏差 $|y_{1j} - y_{0,j-1}|$ 不满足精度要求,则增加一个节点继续计算。如此反复做下去,直到满足精度要求为止。在插值节点较多的情况下,运用这种方法可以控制节点的个数。

例 6 运用 Neville 逐步插值方法,依据表 1.2 所给数据计算正弦积分

$$y = -\int_x^\infty \frac{\sin t}{t} dt \tag{21}$$

在 $x = 0.462$ 的值。

解 表 1.2 记录了逐步插值的计算结果。可以看到,四点插值的两个结果 y_{03} 与 y_{14} 已重合在一起,因而不需要再做进一步的计算。这里获得的结果 $y = 0.456\ 56$,它的每一位数字都是有效数字。

表 1.2

i	x_i	y_i	$y_{i-1,i}$	$y_{i-2,i}$	$y_{i-3,i}$
0	0.3	0.298 50			
1	0.4	0.396 46	0.457 195		
2	0.5	0.493 11	0.456 383	0.456 537	
3	0.6	0.588 13	0.457 002	0.456 575	0.456 56
4	0.7	0.681 22	0.459 660	0.456 496	0.456 56

比较 Lagrange 插值公式(10)与逐步插值公式(20)，它们两者有着实质性的差异：前者是个显式的表达式，而后者则是一组递推算式。Lagrange 插值公式当中各个节点的地位是对等的，它具有对称性但不具有承袭性。按 Lagrange 公式，如果临时需要增加一个插值节点，则全部计算都需要推倒重来。与此不同，正如本节所看到的，按逐步插值算法，如果临时需要增加一个插值节点，只是在原有计算的基础上适当进行某种修正。这种处理方式便于实际应用。

逐步插值公式(20)是一组简单的两点插值公式，如前所述，重复执行这些简单的两点插值公式，最终可以获得多点插值即 Lagrange 公式(10)的计算结果。**逐步插值算法又提供了一个"简单的重复生成复杂"的生动范例。**

1.4　Newton 插值公式

逐步插值算法虽有承袭性，但其算式(20)是递推型的，不便于进行理论上的分析。本节将着手建立具有承袭性的显式的插值公式。

1. 具有承袭性的插值公式

先考察线性插值的插值公式(见式(3))

$$p_1(x) = f(x_0) + \frac{f(x_1) - f(x_0)}{x_1 - x_0}(x - x_0) \tag{22}$$

由于 $p_0(x) = f(x_0)$ 可看作是零次插值多项式，上式表明

$$p_1(x) = p_0(x) + c_1(x - x_0)$$

其中，修正项的系数

$$c_1 = \frac{f(x_1) - f(x_0)}{x_1 - x_0}$$

再修正 $p_1(x)$ 以进一步得到抛物插值公式——问题 4 的解 $p_2(x)$，为此令

$$p_2(x) = p_1(x) + c_2(x - x_0)(x - x_1)$$

显然，不管系数 c_2 如何取值，$p_2(x)$ 均能满足式(6)的前两个条件 $p_2(x_0) = f(x_0)$，$p_2(x_1) = f(x_1)$，再用剩下的一个条件 $p_2(x_2) = f(x_2)$ 来确定 c_2，结果有

$$c_2 = \frac{\dfrac{f(x_2) - f(x_0)}{x_2 - x_0} - \dfrac{f(x_1) - f(x_0)}{x_1 - x_0}}{x_2 - x_1}$$

记 $c_0 = f(x_0)$，从而有

$$p_2(x) = c_0 + c_1(x - x_0) + c_2(x - x_0)(x - x_1)$$
$$= f(x_0) + \frac{f(x_1) - f(x_0)}{x_1 - x_0}(x - x_0)$$

$$+ \frac{\dfrac{f(x_2) - f(x_0)}{x_2 - x_0} - \dfrac{f(x_1) - f(x_0)}{x_1 - x_0}}{x_2 - x_1} (x - x_0)(x - x_1) \qquad (23)$$

以上论述表明,为了建立具有承袭性的插值公式,需要引进差商并研究其性质。

2. 差商及其性质

对于给定的函数 $f(x)$,记 $f(x_0, x_1, \cdots, x_n)$ 表示关于节点 $x_0, x_1, \cdots, x_n$ 的 n 阶差商。**一阶差商**定义为

$$f(x_0, x_1) = \frac{f(x_1) - f(x_0)}{x_1 - x_0}$$

二阶差商定义为一阶差商的差商

$$f(x_0, x_1, x_2) = \frac{f(x_1, x_2) - f(x_0, x_1)}{x_2 - x_0}$$

一般地,n **阶差商**递推定义为

$$f(x_0, x_1, \cdots, x_n) = \frac{f(x_1, x_2, \cdots, x_n) - f(x_0, x_1, \cdots, x_{n-1})}{x_n - x_0}$$

为统一起见,补充定义函数值 $f(x_i)$ 为**零阶差商**。

可以看到,差商计算具有鲜明的承袭性。

依据差商的递推定义,从作为零阶差商的函数值 $f(x_i)$ 出发,通过简单的差商计算可以逐步提高差商的阶数,从而构造出 n 阶差商。

为了理论分析的需要,这里再导出差商的显式表达式。事实上,差商可用离散的函数值来表示,譬如有

$$f(x_0, x_1) = \frac{f(x_1) - f(x_0)}{x_1 - x_0} = \frac{f(x_0)}{x_0 - x_1} + \frac{f(x_1)}{x_1 - x_0}$$

而

$$f(x_0, x_1, x_2) = \frac{f(x_1, x_2) - f(x_0, x_1)}{x_2 - x_0}$$

$$= \frac{1}{x_2 - x_0} \left[\left(\frac{f(x_1)}{x_1 - x_2} + \frac{f(x_2)}{x_2 - x_1} \right) - \left(\frac{f(x_0)}{x_0 - x_1} + \frac{f(x_1)}{x_1 - x_0} \right) \right]$$

$$= \frac{f(x_0)}{(x_0 - x_1)(x_0 - x_2)} + \frac{f(x_1)}{(x_1 - x_0)(x_1 - x_2)} + \frac{f(x_2)}{(x_2 - x_0)(x_2 - x_1)}$$

一般地,用数学归纳法易证

$$f(x_0, x_1, \cdots, x_n) = \sum_{k=0}^{n} \frac{f(x_k)}{\displaystyle\prod_{\substack{j=0 \\ j \neq k}}^{n} (x_k - x_j)} \qquad (24)$$

按差商的这一表达式,如果调换两个节点的顺序,只是意味着改变式(24)求和的次序,其值不变。因此,差商的值与节点的排列顺序无关,譬如有

$$f(x_0,x_1)=f(x_1,x_0)$$
$$f(x_0,x_1,x_2)=f(x_1,x_0,x_2)=f(x_2,x_1,x_0)=\cdots$$

这种性质称作差商的**对称性**。

3.　差商形式的插值公式

按差商定义

$$f(x)=f(x_0)+f(x_0,x)(x-x_0)$$
$$f(x_0,x)=f(x_0,x_1)+f(x_0,x_1,x)(x-x_1)$$
$$f(x_0,x_1,x)=f(x_0,x_1,x_2)+f(x_0,x_1,x_2,x)(x-x_2)$$
$$\vdots$$
$$f(x_0,x_1,\cdots,x_{n-1},x)=f(x_0,x_1,\cdots,x_n)+f(x_0,x_1,\cdots,x_n,x)(x-x_n)$$

反复用后一个式子代入前面的式子,得

$$\begin{aligned}f(x)=&f(x_0)+f(x_0,x_1)(x-x_0)+f(x_0,x_1,x_2)(x-x_0)(x-x_1)+\cdots\\&+f(x_0,x_1,\cdots,x_n)(x-x_0)(x-x_1)\cdots(x-x_{n-1})\\&+f(x_0,x_1,\cdots,x_n,x)(x-x_0)(x-x_1)\cdots(x-x_n)\end{aligned} \quad (25)$$

令

$$\begin{aligned}p_n(x)=&f(x_0)+f(x_0,x_1)(x-x_0)+f(x_0,x_1,x_2)(x-x_0)(x-x_1)+\cdots\\&+f(x_0,x_1,\cdots,x_n)(x-x_0)(x-x_1)\cdots(x-x_{n-1})\end{aligned} \quad (26)$$
$$R(x)=f(x_0,x_1,\cdots,x_n,x)(x-x_0)(x-x_1)\cdots(x-x_n) \quad (27)$$

则有

$$f(x)=p_n(x)+R(x)$$

注意到 $R(x_i)=0\ (i=0,1,\cdots,n)$,因而 $p_n(x)$ 就是本章 1.1 节问题 2 的解。

显然,插值公式(22)和(23)是式(26)当 $n=1,2$ 时的特殊情形。

这种差商形式的插值公式(26)称作 **Newton 插值公式**。由于插值问题 2 的解唯一(见 1.1 节),Newton 公式(26)其实只是 Lagrange 公式(10)的一种变形。比较两种等价的余项公式(11)和(27)即可断定:

定理 3　在节点 $x_0,x_1,\cdots,x_n$ 所界定的范围 $\Delta:\left[\min\limits_{0\leqslant i\leqslant n}x_i,\max\limits_{0\leqslant i\leqslant n}x_i\right]$ 内存在一点 ξ,使下式成立:

$$f(x_0,x_1,\cdots,x_n)=\frac{f^{(n)}(\xi)}{n!}$$

依据差商与导数的上述关系,可将 Newton 插值公式(26)改写为

$$p_n(x) = f(x_0) + f'(\xi_1)(x-x_0) + \frac{f''(\xi_2)}{2!}(x-x_0)(x-x_1) + \cdots$$

$$+ \frac{f^{(n)}(\xi_n)}{n!}(x-x_0)(x-x_1)\cdots(x-x_{n-1})$$

式中 $\xi_i \in \Delta (i=1,2,\cdots,n)$。若固定 x_0,而令 $x_1,x_2,\cdots,x_n$ 一起趋于 x_0,那么,作为 Newton 插值公式的极限即可得到 Taylor 公式(1)。在这种意义下,Lagrange 插值可理解为 Taylor 插值的离散化形式。

1.5　Hermite 插值

在某些问题中,为了保证插值函数能更好地密合原来的函数,不但要求"过点",即两者在节点上具有相同的函数值,而且要求"相切",即在节点上还具有相同的导数值,这类插值称作**切触插值**,或称 **Hermite 插值**。显然,Hermite 插值是本章 1.1 节的 Taylor 插值(问题 1)和 Lagrange 插值(问题 2)的综合和推广。

这里不准备对 Hermite 插值作一般性的论述,而仅仅讨论两个具体问题。

问题 5　构造二次式 $p_2(x)$,使其满足

$$p_2(x_0) = y_0, \quad p_2'(x_0) = y_0', \quad p_2(x_1) = y_1$$

设用这一插值函数 $p_2(x)$ 逼近某个取值 $f(x_0) = y_0$,$f'(x_0) = y_0'$,$f(x_1) = y_1$ 的函数 $f(x)$,那么,从图形上看,曲线 $y = p_2(x)$ 与 $y = f(x)$ 不但有两个交点 (x_0, y_0),(x_1, y_1),而且在点 (x_0, y_0) 处两者还相切。

下面提供问题 5 的两种解法。

(1) 基于承袭性。记 $p_1(x)$ 为具有节点 x_0,x_1 的 Lagrange 插值多项式,令

$$p_2(x) = p_1(x) + c(x-x_0)(x-x_1)$$

$$= y_0 + \frac{y_1 - y_0}{x_1 - x_0}(x-x_0) + c(x-x_0)(x-x_1)$$

则不管系数 c 怎样取值,总有 $p_2(x_0) = y_0$,$p_2(x_1) = y_1$。我们再用剩下的一个条件 $p_2'(x_0) = y_0'$ 确定 c,结果得

$$p_2(x) = y_0 + \frac{y_1 - y_0}{x_1 - x_0}(x-x_0) + \frac{1}{x_1 - x_0}\left(\frac{y_1 - y_0}{x_1 - x_0} - y_0'\right)(x-x_0)(x-x_1)$$

(2) 用基函数方法。为简化计算,先设 $x_0 = 0$,$x_1 = 1$,而令

$$p_2(x) = y_0 \varphi_0(x) + y_1 \varphi_1(x) + y_0' \psi_0(x)$$

式中基函数 $\varphi_0(x)$,$\varphi_1(x)$ 和 $\psi_0(x)$ 均为二次式,它们分别满足条件

$$\varphi_0(0) = 1, \quad \varphi_0(1) = \varphi_0'(0) = 0$$

$$\varphi_1(1) = 1, \quad \varphi_1(0) = \varphi_1'(1) = 0$$

$$\psi_0'(0) = 1, \quad \psi_0(0) = \psi_0(1) = 0$$

满足这些条件的插值多项式容易构造出来。譬如,由条件 $\psi_0(0)=\psi_0(1)=0$ 知 $x=0,x=1$ 都是二次式 $\psi_0(x)$ 的零点,因而 $\psi_0(x)=cx(x-1)$。再利用剩下的一个条件 $\psi_0'(0)=1$ 即可定出 $\psi_0(x)=x(1-x)$。同理有

$$\varphi_0(x)=1-x^2, \quad \varphi_1(x)=2x-x^2$$

图 1.3 是这些基函数的草图。请想一想,在描绘这些草图时,应当抓住哪些基本特征?

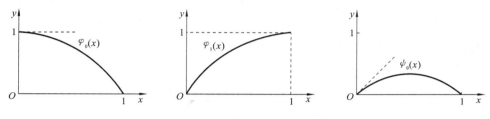

图 1.3　Hermite 插值(问题 5)的基函数

若 x_0, x_1 是随意给出的两个节点,记 $x_1-x_0=h$,不难验证,这时问题 5 的解为

$$p_2(x)=y_0\varphi_0\left(\frac{x-x_0}{h}\right)+y_1\varphi_1\left(\frac{x-x_0}{h}\right)+hy_0'\psi_0\left(\frac{x-x_0}{h}\right)$$

为后面的样条插值作准备,我们进一步考察下述插值问题。

问题 6　构造三次式 $p_3(x)$,使其满足

$$p_3(x_0)=y_0, \quad p_3'(x_0)=y_0'$$
$$p_3(x_1)=y_1, \quad p_3'(x_1)=y_1'$$

解　仿照问题 5 的解法,记 $h=x_1-x_0$,而令

$$p_3(x)=y_0\varphi_0\left(\frac{x-x_0}{h}\right)+y_1\varphi_1\left(\frac{x-x_0}{h}\right)+hy_0'\psi_0\left(\frac{x-x_0}{h}\right)+hy_1'\psi_1\left(\frac{x-x_0}{h}\right)\quad(28)$$

作为习题,请读者自行导出其插值基函数,结果是

$$\varphi_0(x)=(x-1)^2(2x+1), \quad \varphi_1(x)=x^2(-2x+3)$$
$$\psi_0(x)=x(x-1)^2, \quad \psi_1(x)=x^2(x-1) \tag{29}$$

需要指出的是,对于某个取值 $f(x_0)=y_0$, $f'(x_0)=y_0'$, $f(x_1)=y_1$, $f'(x_1)=y_1'$ 的函数 $f(x)$,问题 5 和问题 6 的插值余项分别是

$$f(x)-p_2(x)=\frac{f'''(\xi_1)}{3!}(x-x_0)^2(x-x_1)$$
$$f(x)-p_3(x)=\frac{f^{(4)}(\xi_2)}{4!}(x-x_0)^2(x-x_1)^2 \tag{30}$$

式中 ξ_1, ξ_2 均包含在由点 x_0, x_1 和 x 所界定的范围内。

1.6 分段插值法

1. 高次插值的 Runge 现象

多项式历来被认为是最好的逼近工具之一。用多项式作插值函数,这就是前面已讨论过的代数插值。对于这类插值,插值多项式的次数随着节点个数的增加而升高,然而高次插值的逼近效果往往是不理想的。

例 7 考察函数

$$f(x) = \frac{1}{1+x^2}, \quad -5 \leqslant x \leqslant 5$$

将区间 $[-5,5]$ 分为 n 等份,以 $p_n(x)$ 表示取 $n+1$ 个等分点作节点的插值多项式。图 1.4 给出了 $p_{10}(x)$ 的图形。

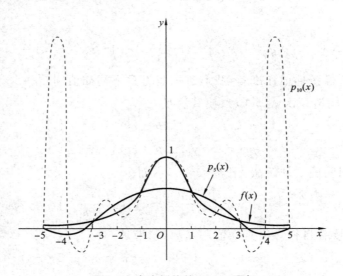

图 1.4 高次插值的 Runge 现象

图中看到,随着节点的加密采用高次插值,虽然插值函数会在更多的点上与所逼近的函数取相同的值,但从整体上看,这样做不一定能改善逼近的效果。事实上,当 n 增大时,上例的插值函数 $p_n(x)$ 在两端会产生激烈的震荡(见图 1.4),这就是所谓 Runge 现象。

Runge 现象说明,在大范围内使用高次插值,逼近的效果往往是不理想的。

2.　分段插值的概念

另一方面,我们都有这样的体会:如果插值的范围比较小(在某个局部),则运用低次插值往往就能奏效。譬如,对于上述函数 $f(x)=\dfrac{1}{1+x^2}$(见图 1.4),如果在每个子区间上用线性插值,也就是说,用连接相邻节点的折线逼近所考察的曲线,就能保证一定的逼近效果。这种化整为零的处理方法称作分段插值法。

所谓**分段插值**,就是将被插值函数逐段多项式化。分段插值方法的处理过程分两步,先将所考察的区间 $[a,b]$ 作一**分划**

$$\Delta: a=x_0<x_1<\cdots<x_n=b$$

并在每个子区间 $[x_i,x_{i+1}]$ 上构造插值多项式,然后将每个子区间上的插值多项式装配(拼接)在一起,作为整个区间 $[a,b]$ 上的插值函数。这样构造出的插值函数是**分段多项式**。

如果函数 $S_k(x)$ 在分划 Δ 的每个子区间 $[x_i,x_{i+1}]$ 上都是 k 次式①,则称 $S_k(x)$ 为具有分划 Δ 的**分段 k 次式**。点 $x_i(i=0,1,\cdots,n)$ 称作 $S_k(x)$ 的**节点**。

可见,所谓分段插值,就是选取分段多项式作为插值函数。

3.　分段线性插值

假设在分划 Δ 的每个节点 x_i 上给出了数据 y_i,或者说,设已给出了一组数据点 (x_i,y_i),$i=0,1,\cdots,n$,连接相邻两点得一折线,那么,该折线函数可以看作下述插值问题的解:

问题 7　构造具有分划 Δ 的分段一次式 $S_1(x)$,使下式成立:

$$S_1(x_i)=y_i,\quad i=0,1,\cdots,n$$

解　由于每个子区间 $[x_i,x_{i+1}]$ 上 $S_1(x)$ 都是一次式,且有 $S_1(x_i)=y_i$,$S_1(x_{i+1})=y_{i+1}$ 成立,故

$$S_1(x)=\varphi_0\left(\frac{x-x_i}{h_i}\right)y_i+\varphi_1\left(\frac{x-x_i}{h_i}\right)y_{i+1},\quad x_i\leqslant x\leqslant x_{i+1}$$

式中 $h_i=x_{i+1}-x_i$,而

$$\varphi_0(x)=1-x,\quad \varphi_1(x)=x$$

再考察插值余项。对于取值 $f(x_i)=y_i(i=0,1,\cdots,n)$ 的被插值函数 $f(x)$,在子区间 $[x_i,x_{i+1}]$ 上有误差估计式

---

①　同前面一样,这里所说的"k 次式",意指次数不大于 k 的多项式。

$$|f(x)-S_1(x)|\leqslant \frac{h_i^2}{8}\max_{x_i\leqslant x\leqslant x_{i+1}}|f''(x)|$$

因此有下述论断:

定理 4 设 $f(x)\in C^2[a,b]$, $f(x_i)=y_i$($i=0,1,\cdots,n$)已给,则当 $x\in[a,b]$ 时,对于问题 7 的解 $S_1(x)$,有下式成立:

$$|f(x)-S_1(x)|\leqslant \frac{h^2}{8}\max_{a\leqslant x\leqslant b}|f''(x)|$$

式中 $h=\max\limits_i h_i$,因而 $S_1(x)$ 在区间 $[a,b]$ 上一致收敛到 $f(x)$。

4. 分段三次插值

分段线性插值的算法简单,且计算量小,但精度不高,插值曲线也不光滑。下面将提高插值次数以进一步改善逼近效果。

在讨论下述分段三次 Hermite 插值时,假定在每个节点 x_i 上给出了函数值 y_i 和导数值 y_i'。

问题 8 构造具有分划 Δ 的分段三次式 $S_3(x)$,使下式成立:

$$S_3(x_i)=y_i, \quad S_3'(x_i)=y_i', \quad i=0,1,\cdots,n$$

解 注意到每个子区间 $[x_i,x_{i+1}]$ 上 $S_3(x)$ 都是三次式,且有 $S_3(x_i)=y_i$, $S_3'(x_i)=y_i'$,$S_3(x_{i+1})=y_{i+1}$,$S_3'(x_{i+1})=y_{i+1}'$ 成立,据上一节的式(28)知

$$S_3(x)=\varphi_0\left(\frac{x-x_i}{h_i}\right)y_i+\varphi_1\left(\frac{x-x_i}{h_i}\right)y_{i+1}+h_i\psi_0\left(\frac{x-x_i}{h_i}\right)y_i'+h_i\psi_1\left(\frac{x-x_i}{h_i}\right)y_{i+1}'$$

$$(31)$$

式中 $x_i\leqslant x\leqslant x_{i+1}$,由式(29),则有

$$\varphi_0(x)=(x-1)^2(2x+1), \quad \varphi_1(x)=x^2(-2x+3)$$
$$\psi_0(x)=x(x-1)^2, \quad \psi_1(x)=x^2(x-1) \qquad (32)$$

同分段线性插值比较,分段三次 Hermite 插值的逼近效果有明显的改善。不难证明如下定理:

定理 5 设 $f(x)\in C^4[a,b]$,且 $f(x_i)=y_i$,$f'(x_i)=y_i'$($i=0,1,\cdots,n$)已给,则当 $x\in[a,b]$ 时对于问题 8 的解 $S_3(x)$,有下式成立:

$$|f(x)-S_3(x)|\leqslant \frac{h^4}{384}\max_{a\leqslant x\leqslant b}|f^{(4)}(x)|$$

最后概括一下分段插值法的利弊。

分段插值法是一种显式算法,其算法简单,收敛性能得到保证。只要节点间距充分小,分段插值法总能获得所要求的精度,而不会像高次插值那样发生 Runge 现象。

　　分段插值法的另一个重要特点是它的局部性质。如果修改某个数据,那么插值曲线仅仅在某个局部范围内受到影响,而代数插值却会影响到整个插值区间。

　　可以看到,同分段线性插值相比较,分段三次 Hermite 插值(问题 8)虽然改善了精度,但这种插值要求给出各个节点上的导数值,所要提供的信息"太多",同时它的光滑性也不高(只有连续的一阶导数)。改进这种插值以克服其缺点,这就导致了所谓三次样条插值的提出。

1.7　样　条　插　值

　　从 20 世纪 60 年代初开始,首先由于航空、造船等工程设计的需要,发展了所谓样条函数方法。今天,这种方法已成为数值逼近的一个极其重要的分支。在外形设计乃至计算机辅助设计的许多领域,样条函数都被认为是一种有效的数学工具。

1. 样条函数的概念

　　样条函数对于人们并不陌生,常用的阶梯函数(见图 1.5)和折线函数(见图 1.6)分别是简单的零次样条和一次样条。

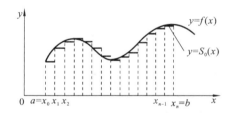
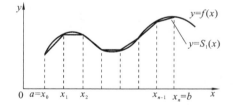

图 1.5　作为零次样条的阶梯函数　　　　图 1.6　作为一次样条的折线函数

　　不难抽象出零次样条(阶梯函数)和一次样条(折线函数)的数学定义。对于区间 $[a,b]$ 的某个**分划**

$$\Delta : a = x_0 < x_1 < \cdots < x_n = b$$

称 $S_0(x)$ 为具有分划 Δ 的**零次样条**,如果它在分划 Δ 的每个子区间 $[x_i, x_{i+1}]$($i = 0, 1, \cdots, n-1$)上都是零次式(即取定值);而称 $S_1(x)$ 为具有分划 Δ 的**一次样条**,如果它在每个子区间 $[x_i, x_{i+1}]$ 上都是一次式,且在每个内节点 x_i($i = 1, 2, \cdots, n-1$)处的函数值连续,即

$$S_1(x_i - 0) = S_1(x_i + 0), \quad i = 1, 2, \cdots, n-1$$

　　所谓样条函数,从数学上讲,就是按一定的光滑性要求"装配"起来的分段多项式。需要注意的是,光滑性的要求不能"过分"。譬如,如果进一步要求一次样条

$S_1(x)$在每个内节点都具有连续的一阶导数,则它便退化为区间$[a,b]$上的一次式。

顺着这个思路定义高次样条。称$S_2(x)$为具有分划Δ的**二次样条**,如果它在每个子区间$[x_i,x_{i+1}]$上都是二次式,且在内节点连续且具有连续的一阶导数,即有下式成立:

$$S_2(x_i-0)=S_2(x_i+0),$$
$$S_2'(x_i-0)=S_2'(x_i+0), \quad i=1,2,\cdots,n-1$$

更进一步,称$S_3(x)$为具有分划Δ的**三次样条**,如果它在每个子区间$[x_i,x_{i+1}]$上都是三次式,且在内节点上具有连续的直到二阶的导数

$$S_3(x_i-0)=S_3(x_i+0),$$
$$S_3'(x_i-0)=S_3'(x_i+0), \quad i=1,2,\cdots,n-1$$
$$S_3''(x_i-0)=S_3''(x_i+0),$$

样条函数的特点是,它既是充分光滑的,同时又保留着一定的间断性。光滑性保证了外形曲线的平滑优美,而间断性则使它能转折自如地被灵活运用。

样条函数概念来源于工程设计的实践。所谓"样条"是工程设计中的一种绘图工具,它是富有弹性的细长条。绘图时,绘图员用压铁迫使样条通过指定的型值点(x_i,y_i),并且调整样条使它具有光滑的外形。这种外形曲线可以看作为弹性细梁的样条,在压铁的集中载荷作用下产生的挠度曲线。在挠度不大的情况下,它恰好表示为上述定义的三次样条函数,压铁的作用点就是样条函数的节点。

2. 三次样条插值

样条插值其实是一种改进的分段插值。特别地,由于折线函数就是一次样条,因此就一次插值而言,样条插值和分段插值是一回事。

下面将主要研究三次样条插值。为了正确地提出问题,首先分析三次样条所具有的自由度。

对于具有分划$\Delta:a=x_0<x_1<\cdots<x_n=b$的三次样条函数$S_3(x)$,由于它在每个子区间上都是三次式,总计有$4n$个待定参数,但为了保证在每个节点处连续且有连续的一阶和二阶导数,必须附加$3(n-1)$个光滑性约束条件,因而$S_3(x)$的自由度为

$$4n-3(n-1)=n+3$$

也就是说,为了具体确定具有分划Δ的三次样条函数,必须再补充给出$n+3$个条件。

下面具体考察三次样条插值。

问题 9 构造具有分划Δ的三次样条函数$S_3(x)$,使其满足

$$S_3(x_i)=y_i, \quad i=0,1,\cdots,n \tag{33}$$

$$S'_3(x_0)=y'_0, \quad S'_3(x_n)=y'_n \tag{34}$$

解　样条函数的构造用待定系数法。问题在于参数的选择。由于 $S_3(x)$ 在每个子区间上都是三次式,而每个三次式有 4 个系数,这样共需要确定 $4n$ 个系数。因此,虽然原则上可选取分段多项式的系数作为待定参数,但这种方法的计算量太大。

为简化计算,这里选取节点上的导数值 $S'_3(x_i)=m_i$ 作为参数,按上一节的式(31),有

$$S_3(x)=\varphi_0\left(\frac{x-x_i}{h_i}\right)y_i+\varphi_1\left(\frac{x-x_i}{h_i}\right)y_{i+1}+h_i\psi_0\left(\frac{x-x_i}{h_i}\right)m_i$$
$$+h_i\psi_1\left(\frac{x-x_i}{h_i}\right)m_{i+1}, \quad x_i\leqslant x\leqslant x_{i+1} \tag{35}$$

式中 $h_i=x_{i+1}-x_i$,而

$$\varphi_0(x)=(x-1)^2(2x+1), \quad \varphi_1(x)=x^2(-2x+3),$$
$$\psi_0(x)=x(x-1)^2, \quad \psi_1(x)=x^2(x-1)$$

这样构造出的 $S_3(x)$,不管参数 m_i 怎样取值,它在每个节点 $x_i(1\leqslant i\leqslant n-1)$ 上必定连续且有连续的一阶导数。现在的问题是,怎样选取参数 m_i 的值,使其二阶导数也连续。

对式(35)两次求导,易得

$$S''_3(x)=\frac{6}{h_i^2}\left[2\left(\frac{x-x_i}{h_i}\right)-1\right]y_i-\frac{6}{h_i^2}\left[2\left(\frac{x-x_i}{h_i}\right)-1\right]y_{i+1}$$
$$+\frac{1}{h_i}\left[6\left(\frac{x-x_i}{h_i}\right)-4\right]m_i+\frac{1}{h_i}\left[6\left(\frac{x-x_i}{h_i}\right)-2\right]m_{i+1}$$

因此,在子区间 $[x_i,x_{i+1}]$ 的左右两端分别有

$$S''_3(x_i)=6\frac{y_{i+1}-y_i}{h_i^2}-\frac{4m_i+2m_{i+1}}{h_i} \tag{36}$$

$$S''_3(x_{i+1})=-6\frac{y_{i+1}-y_i}{h_i^2}+\frac{2m_i+4m_{i+1}}{h_i} \tag{37}$$

为了保证二阶导数的连续性,则有

$$S''_3(x_i-0)=S''_3(x_i+0), \quad i=1,2,\cdots,n-1$$

式(36)与式(37)应当相容,因而应有

$$\frac{m_{i-1}+2m_i}{h_{i-1}}+\frac{2m_i+m_{i+1}}{h_i}=3\left(\frac{y_i-y_{i-1}}{h_{i-1}^2}+\frac{y_{i+1}-y_i}{h_i^2}\right) \tag{38}$$

令

$$\alpha_i=\frac{h_{i-1}}{h_{i-1}+h_i}, \quad \beta_i=3\left[(1-\alpha_i)\frac{y_i-y_{i-1}}{h_{i-1}}+\alpha_i\frac{y_{i+1}-y_i}{h_i}\right] \tag{39}$$

则式(38)可表示为

$$(1-\alpha_i)m_{i-1}+2m_i+\alpha_i m_{i+1}=\beta_i \qquad (40)$$

另外,由条件(34)直接给出

$$m_0=y'_0, \qquad m_n=y'_n$$

据此从式(40)中消去 m_0 和 m_n,即可归结出关于参数 $m_1,m_2,\cdots,m_{n-1}$ 的方程组

$$\begin{cases} 2m_1+\alpha_1 m_2=\beta_1-(1-\alpha_1)y'_0, \\ (1-\alpha_i)m_{i-1}+2m_i+\alpha_i m_{i+1}=\beta_i, & i=2,3,\cdots,n-2 \\ (1-\alpha_{n-1})m_{n-2}+2m_{n-1}=\beta_{n-1}-\alpha_{n-1}y'_n, \end{cases} \qquad (41)$$

这种形式的方程组称作样条插值的**基本方程组**,这类方程组由于其系数矩阵

$$A=\begin{bmatrix} 2 & \alpha_1 & & & \\ 1-\alpha_2 & 2 & \alpha_2 & & \\ & \ddots & \ddots & \ddots & \\ & & 1-\alpha_{n-2} & 2 & \alpha_{n-2} \\ & & & 1-\alpha_{n-1} & 2 \end{bmatrix}$$

的非零元素集中在三条对角线上,而被称作**三对角型矩阵**。求解这类方程组的一种有效方法是所谓追赶法(见第 6 章 6.1 节)。

综上所述,样条插值的计算过程分两步:先求解基本方程组(41)确定参数 m_i,然后利用显式公式(35)进行插值。

例 8 对于函数 $f(x)=\dfrac{1}{1+x^2}$,取等距节点 $x_i=-5+i,i=0,1,\cdots,10$,设已给出节点上的函数值以及左右两个端点的一阶导数值,按上述样条函数方法进行插值。计算结果见表 1.3。可以看到,样条插值消除了高次插值如图 1.4 所示的 Runge 现象。

表 1.3

x	$f(x)$	$S_3(x)$	x	$f(x)$	$S_3(x)$
-5.0	0.038 46	0.038 46	-2.3	0.158 98	0.241 45
-4.8	0.041 60	0.037 58	-2.0	0.200 00	0.200 00
-4.5	0.047 60	0.042 48	-1.8	0.235 85	0.188 78
-4.3	0.051 31	0.048 42	-1.5	0.307 69	0.235 35
-4.0	0.058 82	0.058 82	-1.3	0.371 75	0.316 50
-3.8	0.064 77	0.065 56	-1.0	0.500 00	0.500 00
-3.5	0.075 47	0.076 06	-0.8	0.609 76	0.643 16
-3.3	0.084 10	0.084 26	-0.5	0.800 00	0.843 40
-3.0	0.100 00	0.100 00	-0.3	0.917 43	0.940 90
-2.8	0.113 12	0.113 66	0	1.000 00	1.000 00
-2.5	0.137 93	0.139 71			

本 章 小 结

1. 本章从两个不同的角度考察插值问题。

所谓"插值",通俗地说,就是在所给数据表中再插进一些所需要的函数值。其实,古人早就理解并掌握了数据加工的插值原理。为要将所给样本值加工成所求的插值结果 y,可以直接套用显式的计算公式(如 Lagrange 公式或 Newton 公式),也可以反复施行两点插值逐步地递推计算。

2. 微积分问世以后,插值方法又被理解为一种逼近函数的构造方法。这种方法构造出的插值函数,与所逼近的复杂函数取某些相同的离散数据,譬如函数值或导数值。插值函数可以是普通的代数多项式,这类插值称为代数插值。Hermite 插值及其特例 Lagrange 插值与 Taylor 插值都是这类插值。而分段插值与样条插值则取分段多项式作为插值函数。

针对难以处理的复杂函数 $f(x)$,构造出它的插值函数 $g(x)$ 以后,可以处理 $g(x)$ 获得 $f(x)$ 的有关信息。譬如计算 $g'(x)$ 近似 $f'(x)$,等等。这就简化了处理手续。

3. 插值方法是一种有效的数学方法,而数学的目的是追求简单。

笛卡儿(Descartes)认为,最有价值的知识是科学方法。Descartes 倡导的科学方法,其要点之一是数学的代数化。他发明了直角坐标系,沟通了几何曲线与代数方程,从而统一了几何与代数这两大学科。这为数学的发展开辟了广阔的前景。

本书关于数值微积分的讨论正是在数学问题代数化的背景下展开的。

本章研究插值方法的基本策略是,运用待定系数法将所要考察的插值问题化归为确定某些参数的代数问题,进而依据所给的插值条件列出代数方程,解之即得所求的插值公式。

4. 为简化处理手续,本章突出地强调了基函数方法。基函数方法本质上是推广了的坐标系方法。这种方法将一般形式的插值问题化归为某些特定条件的插值问题,后者比较容易实现代数化。

习　　题

1. 构造 Lagrange 插值多项式 $p(x)$ 逼近 $f(x)=x^3$,要求

(1) 取节点 $x_0=-1,x_1=1$ 作线性插值;

(2) 取节点 $x_0=-1,x_1=0,x_2=1$ 作抛物插值;

(3) 取节点 $x_0=-1,x_1=0,x_2=1,x_3=2$ 作三次插值。

2. 依据 3 个样点 $(0,1),(1,2),(2,3)$ 求插值多项式 $p(x)$。

3. 直接验证,按下列数据表作出的插值多项式是个二次式:

i	0	1	2	3	4	5
x_i	0	$\frac{1}{2}$	1	$\frac{3}{2}$	2	$\frac{5}{2}$
y_i	-1	$-\frac{3}{4}$	0	$\frac{5}{4}$	3	$\frac{21}{4}$

4. 证明关于节点 x_0,x_1,x_2 的 Lagrange 插值基函数 $l_0(x),l_1(x),l_2(x)$，使下式恒成立：

$$l_0(x)+l_1(x)+l_2(x)=1$$

5. 给出概率积分 $y=\dfrac{2}{\sqrt{\pi}}\displaystyle\int_0^x \mathrm{e}^{-x^2}\mathrm{d}x$ 的数据表

i	0	1	2	3
x_i	0.46	0.47	0.48	0.49
y_i	0.484 655 5	0.493 745 2	0.502 749 8	0.511 668 3

用二次插值计算，试问：

(1) 当 $x=0.472$ 时，该积分值等于多少？

(2) 当 x 为何值时，积分值等于 0.5？

6. 给定节点 $x_0=-1,x_1=1,x_2=3,x_3=4$，试分别对下列函数导出 Lagrange 插值余项：

(1) $f(x)=4x^3-3x+2$

(2) $f(x)=x^4-2x^3$

7. 依据数据表

x_i	0.32	0.34	0.36
$\sin x_i$	0.314 567	0.333 487	0.352 274

试用线性插值和抛物插值分别计算 $\sin 0.336\ 7$ 的近似值，并估计误差。

8. 给定节点 $x_0=0,x_1=1$，求 $f(x)=\mathrm{e}^{-x}$ 的一次插值多项式，并估计插值误差。

9. 采用下列方法构造满足条件 $p(0)=p'(0)=0,p(1)=p'(1)=1$ 的插值多项式 $p(x)$：

(1) 用待定系数法；

(2) 利用承袭性，先考察插值条件 $p(0)=p'(0)=0,p(1)=1$。

10. 求满足条件 $p(0)=p(1)=p'(1)=0,p(2)=1$ 的插值多项式 $p(x)$。

11. 求满足条件 $p(0)=0,p(1)=1,p(2)=2,p(3)=3,p'(2)=0$ 的插值多项式 $p(x)$。

第 2 章 数 值 积 分

实际问题中常常需要计算积分。有些数值方法,如微分方程和积分方程的求解,也都和积分计算相联系。

依据人们所熟知的微积分基本定理,对于积分

$$I = \int_a^b f(x)\mathrm{d}x$$

只要找到被积函数 $f(x)$ 的原函数 $F(x)$, $F'(x) = f(x)$, 便有 Newton-Leibniz 公式

$$\int_a^b f(x)\mathrm{d}x = F(b) - F(a)$$

不过,这种方法虽然原则上可行,但实际运用往往有困难,因为大量的被积函数,如 $\dfrac{\sin x}{x}$, $\sin x^2$ 等,找不到用初等函数表示的原函数;另外,当 $f(x)$ 是由实验测量或数值计算给出的一张数据表时,Newton-Leibniz 公式也不能直接运用。因此有必要研究积分的数值计算问题。

2.1 机 械 求 积

1. 数值求积的基本思想

众所周知,积分值 I 在几何上可解释为由 $x = a$, $x = b$, $y = 0$, $y = f(x)$ 所围成的曲边梯形的面积。积分计算之所以有困难,就在于这个曲边梯形有一条边 $y = f(x)$ 是曲的。

依据积分中值定理,对于连续函数 $f(x)$, 在 $[a,b]$ 内存在一点 ξ, 则有

$$\int_a^b f(x)\mathrm{d}x = (b-a)f(\xi)$$

就是说,底为 $b-a$ 而高为 $f(\xi)$ 的矩形面积恰等于所求曲边梯形的面积 I。问题在于点 ξ 的具体位置一般是不知道的,因而难以准确地算出 $f(\xi)$ 的值。称 $f(\xi)$ 为区间 $[a,b]$ 上的**平均高度**。这样,只要对平均高度 $f(\xi)$ 提供一种数值算法,相应地便获得一种数值求积方法。

按照这种理解,人们所熟知的**梯形公式**

$$\int_a^b f(x)\mathrm{d}x \approx \frac{b-a}{2}\big[f(a)+f(b)\big] \tag{1}$$

中矩形公式

$$\int_a^b f(x)\mathrm{d}x \approx (b-a)f\Big(\frac{a+b}{2}\Big) \tag{2}$$

和 Simpson 公式

$$\int_a^b f(x)\mathrm{d}x \approx \frac{b-a}{6}\Big[f(a)+4f\Big(\frac{a+b}{2}\Big)+f(b)\Big] \tag{3}$$

分别可以看作 $a,b,c=\dfrac{a+b}{2}$ 三点高度的加权平均值 $\dfrac{1}{2}\big[f(a)+f(b)\big]$，$f(c)$ 和

$\dfrac{1}{6}\big[f(a)+4f(c)+f(b)\big]$ 作为平均高度 $f(\xi)$ 的近似值。

更一般地，取 $[a,b]$ 内若干个节点 x_k 处的高度 $f(x_k)$，通过加权平均的方法近似地得出平均高度 $f(\xi)$，这类求积公式的一般形式是

$$\int_a^b f(x)\mathrm{d}x \approx \sum_{k=0}^n A_k f(x_k) \tag{4}$$

式中 x_k 称为**求积节点**，A_k 称为**求积系数**，亦称伴随节点 x_k 的权。

值得指出的是，求积公式(4)具有通用性，即求积系数 A_k 仅仅与节点 x_k 的选取有关，而不依赖于被积函数 $f(x)$ 的具体形式。这类求积方法通常称作**机械求积法**，其特点是**直接利用某些节点上的函数值计算积分值，而将积分求值问题归结为函数值的计算**，这就避开了 Newton-Leibniz 公式需要寻求原函数的困难。

2. 代数精度的概念

数值求积方法是近似方法，为保证精度，自然希望所提供的求积公式对于"尽可能多"的函数是准确的。如果求积公式(4)对于一切次数不大于 m 的多项式是准确的，但对于 $m+1$ 次多项式不准确，或者说，对于 $x^k(k=0,1,\cdots,m)$ 均能准确成立，但对于 x^{m+1} 不准确，则称它具有 m **次代数精度**。

直接验证易知，梯形公式(1)与中矩形公式(2)均具有一次代数精度，而 Simpson 公式(3)则具有 3 次代数精度。

我们可以用代数精度作为标准来构造求积公式，譬如两点公式

$$\int_a^b f(x)\mathrm{d}x \approx A_0 f(a) + A_1 f(b) \tag{5}$$

中含有两个待定参数 A_0,A_1，令它对于 $f(x)=1$ 与 $f(x)=x$ 准确成立，有

$$\begin{cases} A_0+A_1=b-a \\ A_0 a+A_1 b=\dfrac{1}{2}(b^2-a^2) \end{cases}$$

解之得 $A_0 = A_1 = \dfrac{b-a}{2}$。这说明,形如式(5)且具有一次代数精度的求积公式必

为梯形公式(1)。这一论断从几何角度来看是十分明显的。

一般地说,对于给定的一组求积节点 $x_k(k=0,1,\cdots,n)$,可以确定相应的求

积系数 A_k,使求积公式(4)至少具有 n 次代数精度。

事实上,令式(4)对于 $f(x)=1,x,\cdots,x^n$ 准确成立,即得

$$\begin{cases} A_0 + A_1 + \cdots + A_n = b-a \\ A_0 x_0 + A_1 x_1 + \cdots + A_n x_n = \dfrac{b^2 - a^2}{2} \\ \qquad\qquad\vdots \\ A_0 x_0^n + A_1 x_1^n + \cdots + A_n x_n^n = \dfrac{b^{n+1} - a^{n+1}}{n+1} \end{cases} \tag{6}$$

这一方程组的系数行列式是 Vandermonde 行列式,当 $x_k(k=0,1,\cdots,n)$ 互异时

它的值不等于 0。可见,在求积节点给定(譬如取等距节点)的情况下,求积公式

的构造本质上是一个解线性方程组的代数问题。

3.　插值型的求积公式

设已给出 $f(x)$ 在节点 $x_k(k=0,1,\cdots,n)$ 的函数值,作插值多项式

$$p_n(x) = \sum_{k=0}^{n} f(x_k) l_k(x)$$

式中

$$l_k(x) = \prod_{\substack{j=0 \\ j \neq k}}^{n} \frac{x - x_j}{x_k - x_j}$$

由于多项式 $p_n(x)$ 的求积是容易的,可取 $\displaystyle\int_a^b p_n(x)\mathrm{d}x$ 作为 $\displaystyle\int_a^b f(x)\mathrm{d}x$ 的近似值,

即令

$$\int_a^b f(x)\mathrm{d}x \approx \int_a^b p_n(x)\mathrm{d}x \tag{7}$$

则这类求积公式具有式(4)的形式,而其求积系数

$$A_k = \int_a^b l_k(x)\mathrm{d}x \tag{8}$$

上述求积公式(7),即依式(8)给出求积系数的求积公式(4)称作是**插值型**的。

容易看出,对于任意次数不大于 n 的多项式 $f(x)$,其插值多项式 $p_n(x)$ 就是

它自身,因此插值型的求积公式(7)至少有 n 次代数精度。

反之,如果求积公式(4)至少有 n 次代数精度,则它对于插值基函数 $l_k(x)$ 是

准确成立的,即有

$$\int_a^b l_k(x)\mathrm{d}x = \sum_{j=0}^n A_j l_k(x_j)$$

注意到 $l_k(x_j) = \delta_{kj}$（见第 1 章 1.2 节），上式右端即等于 A_k，因而式（8）成立，可见至少具有 n 次代数精度的求积公式（4）必为插值型的。

综上所述，我们的结论如下：

定理 1 形如式（4）的求积公式至少具有 n 次代数精度的充分必要条件是，它是插值型的。

这样，一旦求积节点 x_k 已被给出，那么求积系数 A_k 的确定有两条可供选择的途径：求解线性方程组（6）或者计算积分（8）。

2.2 Newton-Cotes 公式

1. 公式的导出

设分 $[a,b]$ 为 n 等份，步长 $h = \dfrac{b-a}{n}$，取等分点 $x_k = a + kh (k = 0, 1, \cdots, n)$ 构造出的插值型求积公式

$$I_n = (b-a)\sum_{k=0}^n C_k f(x_k) \tag{9}$$

称作 **Newton-Cotes 公式**，其中 C_k 称 **Cotes 系数**。令 $x = a + th$，则按式（8）有

$$C_k = \frac{1}{b-a}\int_a^b \prod_{\substack{j=0 \\ j \neq k}}^n \frac{x - x_j}{x_k - x_j}\mathrm{d}x$$

$$= \frac{(-1)^{n-k}}{n \cdot k!(n-k)!}\int_0^n \prod_{\substack{j=0 \\ j \neq k}}^n (t-j)\mathrm{d}t, \quad k = 0, 1, \cdots, n \tag{10}$$

按式（10）计算 Cotes 系数不会遇到实质性的困难。表 2.1 列出了 Cotes 系数表开头的一部分。

表 2.1

n	C_k			
1	$\dfrac{1}{2}$	$\dfrac{1}{2}$		
2	$\dfrac{1}{6}$	$\dfrac{2}{3}$	$\dfrac{1}{6}$	
3	$\dfrac{1}{8}$	$\dfrac{3}{8}$	$\dfrac{3}{8}$	$\dfrac{1}{8}$

续表

n	C_k					
4	$\dfrac{7}{90}$	$\dfrac{16}{45}$	$\dfrac{2}{15}$	$\dfrac{16}{45}$	$\dfrac{7}{90}$	
5	$\dfrac{19}{288}$	$\dfrac{25}{96}$	$\dfrac{25}{144}$	$\dfrac{25}{144}$	$\dfrac{25}{96}$	$\dfrac{19}{288}$

可以看到，一阶和二阶 Newton-Cotes 公式分别是梯形公式

$$T=\frac{b-a}{2}\big[f(a)+f(b)\big] \tag{11}$$

和 Simpson 公式

$$S=\frac{b-a}{6}\big[f(a)+4f(c)+f(b)\big],\quad c=\frac{a+b}{2} \tag{12}$$

而四阶 Newton-Cotes 公式

$$C=\frac{b-a}{90}\big[7f(x_0)+32f(x_1)+12f(x_2)+32f(x_3)+7f(x_4)\big] \tag{13}$$

则称作 **Cotes 公式**，式中

$$x_k=a+kh(k=0,1,2,3,4),\quad h=\frac{b-a}{4}$$

在一系列 Newton-Cotes 公式中，高阶公式由于稳定性差而不宜采用，有实用价值的仅仅是上述几种低阶的求积公式。

2. 几种低阶求积公式的代数精度

先看一个数值的例子。

例 1　用低阶 Newton-Cotes 公式(9)计算积分

$$I = \int_0^1 \frac{\sin x}{x}\mathrm{d}x$$

解　计算结果见表 2.2，表中最末一列指明有效数字的位数 m（I 的准确值为 0.946 083 1）。

表 2.2

n	I_n	m	n	I_n	m
1	0.927 035 4	1	4	0.946 083 0	6
2	0.946 135 9	3	5	0.946 083 1	6
3	0.946 110 9	3			

按定理 1，n 阶的 Newton-Cotes 公式至少有 n 次代数精度，但从上面的计算中看到，二阶公式与三阶公式的精度相当，四阶公式和五阶公式也是如此。这种现象不是偶然的。事实上，二阶的 Simpson 公式与四阶的 Cotes 公式在精度方面会获得"额外"的好处，即它们分别具有 3 次和 5 次代数精度。

因此，在几种低阶 Newton-Cotes 公式中，人们更感兴趣的是梯形公式（它最简单、最基本）、Simpson 公式和 Cotes 公式。

3. 几种低阶求积公式的余项

首先考察梯形公式。利用线性插值的余项公式知，梯形公式（11）的余项

$$R_T = I - T = \int_a^b \frac{f''(\eta)}{2!}(x-a)(x-b)\mathrm{d}x$$

这里，积分核 $(x-a)(x-b)$ 在区间 $[a,b]$ 上保号（非正），应用积分中值定理，存在 $\xi \in [a,b]$ 使下式成立：

$$R_T = \frac{f''(\xi)}{2}\int_a^b (x-a)(x-b)\mathrm{d}x = -\frac{(b-a)^3}{12}f''(\xi) \tag{14}$$

再研究 Simpson 公式（12）的余项

$$R_S = I - S = \int_a^b \frac{f'''(\xi)}{3!}(x-a)\left(x-\frac{a+b}{2}\right)(x-b)\mathrm{d}x$$

由于这里的积分核 $(x-a)\left(x-\dfrac{a+b}{2}\right)(x-b)$ 在区间 $[a,b]$ 上不保号，故不能直接应用积分中值定理。为此要考察其他办法。由于 Simpson 公式具有 3 次代数精度，它对于满足条件

$$H(a) = f(a), \quad H(b) = f(b)$$
$$H(c) = f(c), \quad H'(c) = f'(c), \quad c = \frac{a+b}{2} \tag{15}$$

的 3 次插值多项式 $H(x)$ 能准确成立，故有

$$\int_a^b H(x)\mathrm{d}x = \frac{b-a}{6}[H(a) + 4H(c) + H(b)]$$

而利用插值条件（15）知，积分值 $\int_a^b H(x)\mathrm{d}x$ 实际上等于按 Simpson 公式求得的积分值 S，从而有

$$R_S = I - S = \int_a^b [f(x) - H(x)]\mathrm{d}x$$

再利用 Hermite 插值的余项公式得

$$R_S = \int_a^b \frac{f^{(4)}(\eta)}{4!}(x-a)(x-c)^2(x-b)\mathrm{d}x$$

由于这里的积分核 $(x-a)(x-c)^2(x-b)$ 在 $[a,b]$ 上保号（非正），利用积分中值定理得

$$R_S = \frac{f^{(4)}(\xi)}{4!}\int_a^b (x-a)(x-c)^2(x-b)\mathrm{d}x$$

$$= -\frac{b-a}{180}\left(\frac{b-a}{2}\right)^4 f^{(4)}(\xi), \quad \xi \in [a,b] \tag{16}$$

关于 Cotes 公式(13)的积分余项，这里不再具体推导，仅列出如下结果：

$$R_C = I - C = -\frac{2(b-a)}{945}\left(\frac{b-a}{4}\right)^6 f^{(6)}(\xi), \quad \xi \in [a,b] \tag{17}$$

2.3　Gauss 公式

1. Gauss 公式的设计方法

上一节在构造 Newton-Cotes 公式时，限定用积分区间的等分点作为求积节点，这样做简化了处理过程（所归结出的代数方程组是线性的），但同时限制了精度。如果求积节点可供自由选择，则求积公式(4)中含有 $2n+2$ 个待定参数 x_i 与 $A_i, i=0,1,\cdots,n$，适当选取这些参数可以使求积公式具有 $2n+1$ 阶精度。这种高精度的求积公式称作 **Gauss 公式**。

首先取积分区间为 $[-1,1]$ 而考察如下形式的求积公式：

$$\int_{-1}^1 f(x)\mathrm{d}x \approx 2\sum_{i=0}^n A_i f(x_i)$$

为使它成为 Gauss 型的，只要令其对于幂函数 $f(x)=x^k(k=0,1,\cdots,2n+1)$ 均能准确成立，即令其参数 x_i,A_i 满足下列代数方程组：

$$\sum_{i=0}^n A_i x_i^k = \frac{1+(-1)^k}{2(k+1)}, \quad k=0,1,\cdots,2n+1 \tag{18}$$

特别地，对于一点公式

$$\int_{-1}^1 f(x)\mathrm{d}x \approx 2A_0 f(x_0)$$

令对 $f(x)=1, f(x)=x$ 准确成立，有

$$\begin{cases} A_0 = 1 \\ A_0 x_0 = 0 \end{cases}$$

据此定出 $A_0 = 1, x_0 = 0$,这样导出人们所熟知的中矩形公式

$$G_1 = 2f(0) \tag{19}$$

它具有一阶精度。可见,一点 Gauss 公式与两点 Newton-Cotes 公式(梯形公式)的精度相当。

再考察两点公式

$$\int_{-1}^{1} f(x)\mathrm{d}x \approx 2[A_0 f(x_0) + A_1 f(x_1)] \tag{20}$$

令它对于 $f = 1, x, x^2, x^3$ 准确成立,有

$$\begin{cases} A_0 + A_1 = 1 \\ A_0 x_0 + A_1 x_1 = 0 \\ A_0 x_0^2 + A_1 x_1^2 = \dfrac{1}{3} \\ A_0 x_0^3 + A_1 x_1^3 = 0 \end{cases} \tag{21}$$

这样归结出的方程组是方程组(18)取 $n = 1$ 的特殊情形。方程组(21)是一个含有 4 个未知数的非线性方程组,它的求解似乎有实质性的困难。

上述困难可以运用对称性原则进行处理。Gauss 公式具有高精度,它的结构应当具有鲜明的对称性。特别地,对于两点公式(20),令

$$A_1 = A_0 , \quad x_1 = -x_0$$

则方程组(21)的第 2 个与第 4 个式子自然成立,因而可将它简化为

$$\begin{cases} 2A_0 = 1 \\ 2A_0 x_0^2 = \dfrac{1}{3} \end{cases}$$

由此即得

$$A_0 = A_1 = \frac{1}{2} , \quad x_1 = -x_0 = \frac{1}{\sqrt{3}}$$

这样构造出的两点 Gauss 公式

$$G_2 = f\left(-\frac{1}{\sqrt{3}}\right) + f\left(\frac{1}{\sqrt{3}}\right) \tag{22}$$

具有 3 阶精度。可见,两点 Gauss 公式与三点 Newton-Cotes 公式(Simpson 公式)的精度相当。

进一步考察三点公式

$$\int_{-1}^{1} f(x)\mathrm{d}x \approx 2[A_0 f(x_0) + A_1 f(x_1) + A_2 f(x_2)]$$

为使它具有 5 阶精度,考察 $n = 2$ 的方程组(18):

$$\begin{cases} A_0 + A_1 + A_2 = 1 \\ A_0 x_0 + A_1 x_1 + A_2 x_2 = 0 \\ A_0 x_0^2 + A_1 x_1^2 + A_2 x_2^2 = \dfrac{1}{3} \\ A_0 x_0^3 + A_1 x_1^3 + A_2 x_2^3 = 0 \\ A_0 x_0^4 + A_1 x_1^4 + A_2 x_2^4 = \dfrac{1}{5} \\ A_0 x_0^5 + A_1 x_1^5 + A_2 x_2^5 = 0 \end{cases}$$

这是一个相当复杂的非线性方程组,仍运用对称性原则,令

$$x_2 = -x_0, \quad x_1 = 0, \quad A_2 = A_0$$

则可将上述方程组简化为

$$\begin{cases} 2A_0 + A_1 = 1 \\ 2A_0 x_0^2 = \dfrac{1}{3} \\ 2A_0 x_0^4 = \dfrac{1}{5} \end{cases}$$

据此容易定出

$$x_2 = -x_0 = \sqrt{\dfrac{3}{5}}, \quad x_1 = 0$$

$$A_2 = A_0 = \dfrac{5}{18}, \quad A_1 = \dfrac{4}{9}$$

这样构造出的三点 Gauss 公式是

$$G_3 = \frac{5}{9} f\left(-\sqrt{\frac{3}{5}}\right) + \frac{8}{9} f(0) + \frac{5}{9} f\left(\sqrt{\frac{3}{5}}\right) \tag{23}$$

它具有 5 阶精度,即其精度与五点 Newton-Cotes 公式(Cotes 公式)相当。

不言而喻,更高阶的 Gauss 公式的构造更为复杂,其实有实用价值的仅仅是上述几个低阶 Gauss 公式。

附带指出,如果积分区间为 $[a,b]$,可引进变换

$$x = \frac{b+a}{2} + \frac{b-a}{2} t$$

将求积区间变到 $[-1,1]$,这时积分

$$\int_a^b f(x)\,\mathrm{d}x = \frac{b-a}{2} \int_{-1}^1 f\left(\frac{b+a}{2} + \frac{b-a}{2} t\right)\mathrm{d}t$$

这时,一点、二点和三点 Gauss 公式分别为

$$G_1 = (b-a) f\left(\frac{a+b}{2}\right)$$

$$G_2 = \frac{b-a}{2}\left[f\left(\frac{b+a}{2} - \frac{b-a}{2\sqrt{3}} \right) + f\left(\frac{b+a}{2} + \frac{b-a}{2\sqrt{3}} \right) \right]$$

$$G_3 = \frac{b-a}{2}\left[\frac{5}{9}f\left(\frac{b+a}{2} - \sqrt{\frac{3}{5}}\frac{b-a}{2} \right) + \frac{8}{9}f\left(\frac{b+a}{2} \right) + \frac{5}{9}f\left(\frac{b+a}{2} + \sqrt{\frac{3}{5}}\frac{b-a}{2} \right) \right]$$

2. 带权的 Gauss 公式举例

考察积分

$$I = \int_a^b \rho(x) f(x)\,\mathrm{d}x$$

这里 $\rho(x) \geqslant 0$ 称**权函数**，当 $\rho(x) \equiv 1$ 时为普通积分。

仿照普通积分的说法，称求积公式

$$\int_a^b \rho(x) f(x)\,\mathrm{d}x \approx \sum_{k=0}^n A_k f(x_k)$$

是 **Gauss 型**的，如果它对于任意 $2n+1$ 次多项式均能准确成立。

作为例子，试构造如下形式的 Gauss 型求积公式

$$\int_0^1 \sqrt{x} f(x)\,\mathrm{d}x \approx A_0 f(x_0) + A_1 f(x_1) \tag{24}$$

令它对于 $f(x) = 1, x, x^2, x^3$ 准确成立，得

$$\begin{cases} A_0 + A_1 = \dfrac{2}{3} \\[2mm] x_0 A_0 + x_1 A_1 = \dfrac{2}{5} \\[2mm] x_0^2 A_0 + x_1^2 A_1 = \dfrac{2}{7} \\[2mm] x_0^3 A_0 + x_1^3 A_1 = \dfrac{2}{9} \end{cases} \tag{25}$$

由于所要设计的求积公式不具有对称结构，它的设计将困难得多。注意到

$$x_0 A_0 + x_1 A_1 = x_0(A_0 + A_1) + (x_1 - x_0)A_1$$

利用式(25)的第 1 式，可将其第 2 式化为

$$\frac{2}{3}x_0 + (x_1 - x_0)A_1 = \frac{2}{5}$$

同样地，利用式(25)的第 2 式化第 3 式，利用第 3 式化第 4 式，得

$$\begin{cases} \dfrac{2}{5}x_0 + (x_1 - x_0)x_1 A_1 = \dfrac{2}{7} \\[2mm] \dfrac{2}{7}x_0 + (x_1 - x_0)x_1^2 A_1 = \dfrac{2}{9} \end{cases}$$

进一步整理可得

$$\begin{cases} \dfrac{2}{5}(x_0+x_1)-\dfrac{2}{3}x_0x_1=\dfrac{2}{7} \\[2mm] \dfrac{2}{7}(x_0+x_1)-\dfrac{2}{5}x_0x_1=\dfrac{2}{9} \end{cases}$$

由此解出

$$x_0x_1=\frac{5}{21}, \quad x_0+x_1=\frac{10}{9}$$

从而求出

$$x_0=0.821\ 162, \quad x_1=0.289\ 949$$
$$A_0=0.389\ 111, \quad A_1=0.277\ 556$$

于是形如式(24)的 Gauss 公式是

$$\int_0^1 \sqrt{x}f(x)\mathrm{d}x \approx 0.389\ 111f(0.821\ 162)+0.277\ 556f(0.289\ 949)$$

2.4　Romberg 加速算法

1.　复化求积

前已指出,在使用 Newton-Cotes 公式或者 Gauss 公式求积时,通过提高阶的途径并不总能取得满意的效果,为了改善求积公式的精度,一种行之有效的方法是复化求积。具体地说,将$[a,b]$划分为 n 等份,步长 $h=\dfrac{b-a}{n}$,分点为 $x_k=a+kh(k=0,1,\cdots,n)$。所谓**复化求积法**,就是先用低阶的求积公式求得每个子区间 $[x_k,x_{k+1}]$ 上的积分值 I_k,然后将它们累加求和,用 $\sum\limits_{k=0}^{n-1}I_k$ 作为所求积分 I 的近似值。

譬如,**复化梯形公式**的形式是

$$T_n=\sum_{k=0}^{n-1}\frac{h}{2}\big[f(x_k)+f(x_{k+1})\big]=\frac{h}{2}\Big[f(a)+2\sum_{k=1}^{n-1}f(x_k)+f(b)\Big] \quad (26)$$

若记子区间 $[x_k,x_{k+1}]$ 的中点为 $x_{k+\frac{1}{2}}$,则**复化 Simpson 公式**为

$$S_n=\sum_{k=0}^{n-1}\frac{h}{6}\big[f(x_k)+4f(x_{k+\frac{1}{2}})+f(x_{k+1})\big]$$

$$=\frac{h}{6}\Big[f(a)+4\sum_{k=0}^{n-1}f(x_{k+\frac{1}{2}})+2\sum_{k=1}^{n-1}f(x_k)+f(b)\Big] \quad (27)$$

如果将每个子区间 $[x_k, x_{k+1}]$ 化为四等份,内分点依次记 $x_{k+\frac{1}{4}}, x_{k+\frac{1}{2}}, x_{k+\frac{3}{4}}$,则**复化 Cotes 公式**具有如下形式:

$$C_n = \frac{h}{90}\Big[7f(a) + 32\sum_{k=0}^{n-1} f(x_{k+\frac{1}{4}}) + 12\sum_{k=0}^{n-1} f(x_{k+\frac{1}{2}}) + 32\sum_{k=0}^{n-1} f(x_{k+\frac{3}{4}})$$

$$+ 14\sum_{k=0}^{n-1} f(x_k) + 7f(b) \Big] \tag{28}$$

进一步估计复化求积公式的截断误差。先考察梯形公式(26),按式(14),其积分余项为

$$I - T_n = \sum_{k=0}^{n-1}\Big[-\frac{h^3}{12}f''(\xi_k)\Big]$$

由于

$$\sum_{k=0}^{n-1} hf''(\xi_k) \approx \int_a^b f''(x)\,\mathrm{d}x = f'(b) - f'(a)$$

故有

$$I - T_n \approx -\frac{h^2}{12}[f'(b) - f'(a)] \tag{29}$$

类似地,对于 Simpson 公式(27)和 Cotes 公式(28),分别有

$$I - S_n \approx -\frac{1}{180}\Big(\frac{h}{2}\Big)^4 [f'''(b) - f'''(a)] \tag{30}$$

$$I - C_n \approx -\frac{2}{945}\Big(\frac{h}{4}\Big)^6 [f^{(5)}(b) - f^{(5)}(a)] \tag{31}$$

例 2　用函数 $f(x) = \dfrac{\sin x}{x}$ 的数据表 2.3 计算积分

$$I = \int_0^1 \frac{\sin x}{x}\,\mathrm{d}x$$

表 2.3

x	$f(x)$	x	$f(x)$
0	1.000 000 0	5/8	0.936 155 6
1/8	0.997 397 8	3/4	0.908 851 6
1/4	0.989 615 8	7/8	0.877 192 5
3/8	0.976 726 7	1	0.841 470 9
1/2	0.958 851 0		

解　判定一种算法的优劣,计算量是一个重要的因素。由于在求 $f(x)$ 的函数值时,通常要做许多次加减乘除四则运算,因此在统计求积公式 $\sum_k A_k f(x_k)$ 的计算量时,只要统计求函数值 $f(x_k)$ 的次数。

用复化求积法。取 $n=8$,用复化梯形公式(26)求得

$$T_8=0.945\ 690\ 9$$

再取 $n=4$ 用复化 Simpson 公式(27),又得

$$S_4=0.946\ 083\ 2$$

比较上面两个结果,它们都需要提供 9 个点上的函数值,工作量基本相同,然而精度却差别很大,同积分的准确值 0.946 083 1 比较,复化梯形方法的结果 T_8 只有两位有效数字,而复化 Simpson 方法的结果 S_4 却有 6 位有效数字。这一事实又一次说明了选择算法的重要意义。

2. 变步长的梯形法

这里所面对的问题是,运用某种复化求积方法可以获得积分值 I 的近似值 $I(h)$,而所求积分值 I 则视为 $I(h)$ 当 $h\to 0$ 时的极限值。这样,只要步长 h 足够小,即可取 $I(h)$ 作为所求积分值 I。

问题在于如何选取合适的步长 h? 步长过大则精度不能保证,步长太小则会导致计算量的显著增加,选择步长需要在精度与计算量两者之间实现合理的平衡,然而事先给出一个合适的步长通常是困难的。

实际计算时,希望在保证精度的前提下选取尽可能大的步长,为此常常采取如下策略:事先预报某个步长 h(可适当放大一点,以留有余地),然后将步长逐次减半,直到二分前后两个近似值的偏差 $\left|I\left(\dfrac{h}{2}\right)-I(h)\right|$ 在精度范围内可以忽略为止。这种在计算过程中自选步长的方法称作**变步长方法**。

现在在变步长的过程中探讨梯形法的计算规律。设将积分区间分为 n 等份,则一共有 $n+1$ 个分点

$$x_i=a+ih,\quad h=\frac{b-a}{n},\quad i=0,1,\cdots,n$$

先考察一个子区间 $[x_i,x_{i+1}]$,其中点 $x_{i+\frac{1}{2}}=a+\left(i+\dfrac{1}{2}\right)h$,该子区间上二分前后两个梯形值

$$T_1=\frac{h}{2}[f(x_i)+f(x_{i+1})]$$

$$T_2=\frac{h}{4}[f(x_i)+2f(x_{i+\frac{1}{2}})+f(x_{i+1})]$$

显然有下列关系

$$T_2=\frac{1}{2}T_1+\frac{h}{2}f(x_{i+\frac{1}{2}})$$

将这一关系式关于 i 从 0 到 $n-1$ 累加求和,即可导出如下梯推算式

$$T_{2n} = \frac{1}{2} T_n + \frac{h}{2} \sum_{i=0}^{n-1} f(x_{i+\frac{1}{2}}) \tag{32}$$

式中 $h = \dfrac{b-a}{n}$ 为二分前的步长,$x_{i+\frac{1}{2}} = a + \left(i + \dfrac{1}{2}\right)h$。

例 3 用变步长梯形法计算积分

$$I = \int_0^1 \frac{\sin x}{x} \mathrm{d}x$$

解 先对整个区间 $[0,1]$ 用梯形公式。对于被积函数 $f(x) = \dfrac{\sin x}{x}$,由于 $f(0) = 1, f(1) = 0.841\,470\,9$,故

$$T_1 = \frac{1}{2} [f(0) + f(1)] = 0.920\,735\,5$$

然后将区间二分,由于 $f\left(\dfrac{1}{2}\right) = 0.958\,851\,0$,利用递推公式(32)得

$$T_2 = \frac{1}{2} T_1 + \frac{1}{2} f\left(\frac{1}{2}\right) = 0.939\,793\,3$$

再二分一次,并计算新分点上的函数值

$$f\left(\frac{1}{4}\right) = 0.989\,615\,8$$

$$f\left(\frac{3}{4}\right) = 0.908\,851\,6$$

再用式(32)求得

$$T_4 = \frac{1}{2} T_2 + \frac{1}{4} \left[f\left(\frac{1}{4}\right) + f\left(\frac{3}{4}\right) \right] = 0.944\,513\,5$$

这样不断二分下去,计算结果见表 2.4(表中 k 代表二分次数,区间等份数 $n = 2^k$)。这里,用变步长方法二分 10 次得到了有 7 位有效数字的积分值 $I = 0.946\,083\,1$。

表 2.4

k	T_n	k	T_n
0	0.920 735 5	6	0.946 076 9
1	0.939 793 3	7	0.946 081 5
2	0.944 513 5	8	0.946 082 7
3	0.945 690 9	9	0.946 083 0
4	0.945 985 0	10	0.946 083 1
5	0.946 059 6		

3. 梯形法的加速

复化梯形法的算法简单,但精度低,收敛速度缓慢。能否设法加工梯形值以提高精度呢?

考察二分前后的梯形值

$$T_1 = \frac{b-a}{2}\big[f(a)+f(b)\big]$$

$$T_2 = \frac{b-a}{4}\big[f(a)+2f(c)+f(b)\big], \quad c = \frac{a+b}{2}$$

它们都只有 1 阶精度。现将两者进行松弛,令

$$S_1 = (1+\omega)T_2 - \omega T_1$$
$$= T_2 + \omega(T_2 - T_1) \tag{33}$$

显然,不管因子 ω 如何选择,松弛公式(33)均具有 1 阶精度。注意到节点 $c = \frac{a+b}{2}$ 是 2 等分点,为使它具有 2 阶精度,它必须是 2 等分的 Newton-Cotes 公式,即 Simpson 公式。因此,这个问题可表述为,能否找到合适的松弛因子 ω,使二分前后的两个梯形值 T_1, T_2,按式(33)松弛生成 Simpson 值 S_1。注意到

$$S_1 = \frac{b-a}{6}\big[f(a)+4f(c)+f(b)\big]$$

比较式(33)两端 $f(a), f(c)$ 与 $f(b)$ 的系数,容易求出

$$\omega = \frac{1}{3}$$

从而有

$$S_1 = \frac{4}{3}T_2 - \frac{1}{3}T_1$$

其复化形式为

$$S_n = \frac{4}{3}T_{2n} - \frac{1}{3}T_n \tag{34}$$

即用二分前后的两个梯形值 T_n 与 T_{2n} 按式(34)进行加工,结果生成 Simpson 值 S_n。

4. Simpson 法再加速

进一步加工 Simpson 值。将区间 $[a,b]$ 分为 4 等份,分点 $x_i = a + i\frac{b-a}{4}, i = 0, 1, \cdots, 4$,则二分前后的 Simpson 值

$$S_1 = \frac{b-a}{6}\left[f(x_0) + 4f(x_2) + f(x_4)\right]$$

$$S_2 = \frac{b-a}{12}\left[f(x_0) + 4f(x_1) + 2f(x_2) + 4f(x_3) + f(x_4)\right]$$

都具有 3 阶精度。适当选取因子 ω，以将松弛值

$$C_1 = (1+\omega)S_2 - \omega S_1 \tag{35}$$

提高到 4 阶精度。注意到这里节点 $x_i, i = 0, 1, \cdots, 4$ 是 4 等份点，这样设计的求积公式(35)应当是 Cotes 公式

$$C_1 = \frac{b-a}{90}\left[7f(x_0) + 32f(x_1) + 12f(x_2) + 32f(x_3) + 7f(x_4)\right]$$

比较式(35)两端 $f(x_i), i = 0, 1, \cdots, 4$ 的系数后，可求出

$$\omega = \frac{1}{15}$$

从而有

$$C_1 = \frac{16}{15}S_2 - \frac{1}{15}S_1$$

其复化形式为

$$C_n = \frac{16}{15}S_{2n} - \frac{1}{15}S_n \tag{36}$$

这样，将二分前后的两个 Simpson 值进行再加工，可进一步生成 Cotes 值。

5. Cotes 法的进一步加速

继续加工 Cotes 值。设将积分区间 $[a, b]$ 分为 8 等份，分点为

$$x_i = a + i\frac{b-a}{8}, \quad i = 0, 1, \cdots, 8$$

则二分前后的 Cotes 值为

$$C_1 = \frac{b-a}{90}\left[7f(x_0) + 32f(x_2) + 12f(x_4) + 32f(x_6) + 7f(x_8)\right]$$

$$C_2 = \frac{b-a}{180}\left[7f(x_0) + 32f(x_1) + 12f(x_2) + 32f(x_3) + 12f(x_4)\right.$$
$$\left. + 32f(x_5) + 12f(x_6) + 32f(x_7) + 7f(x_8)\right]$$

这时松弛公式

$$R_1 = (1+\omega)C_2 - \omega C_1$$

至少有 5 阶精度，希望选取合适的松弛值 ω 将以上求积公式提高到 6 阶精度，为此令它对于 $f(x) = x^6$ 准确成立，据此得出

$$\omega = \frac{1}{63}$$

这样设计出的求积公式

$$R_1 = \frac{64}{63}C_2 - \frac{1}{63}C_1$$

称作 **Romberg 公式**。可以验证它实际上有 7 阶精度。Romberg 公式的复化形式为

$$R_n = \frac{64}{63}C_{2n} - \frac{1}{63}C_n \tag{37}$$

注意到 Romberg 公式的求积节点是区间 $[a,b]$ 的 8 等份点,但仅能保证它有 7 阶精度,因此它不再属于 Newteon-Cotes 公式的范畴。

6. Romberg 算法的计算流程

在步长二分的过程中运用公式(34)、(36)、(37)加工 3 次,就能将粗糙的梯形值 T_n 逐步加工成高精度的 Romberg 值 R_n,或者说,将收敛缓慢的梯形值序列 $\{T_n\}$ 加工成收敛迅速的 Romberg 值序列 $\{R_n\}$。这种加速算法称作 **Romberg 算法**,其加速过程如图 2.1 所示。

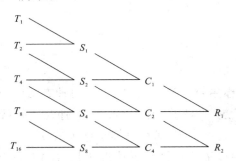

图 2.1 Romberg 算法的加速过程

例 4 用 Romberg 算法加工表 2.4 的梯形值,计算结果见表 2.5,表中 k 代表二分次数。

表 2.5

k	T_{2^k}	$S_{2^{k-1}}$	$C_{2^{k-2}}$	$R_{2^{k-3}}$
0	0.920 735 5			
1	0.939 793 3	0.946 145 9		
2	0.944 513 5	0.946 086 9	0.946 083 0	
3	0.945 690 9	0.946 083 4	0.946 083 1	0.946 083 1

2.5 数值微分

微分和积分是一对互逆的数学运算。下面将参照前述数值积分来平行地讨论数值微分。

1. 差商公式

按照数学分析的定义,导数 $f'(a)$ 是差商 $\dfrac{f(a+h)-f(a)}{h}$ 当 $h \to 0$ 时的极限。如果精度要求不高,可以简单地取差商作为导数的近似值,这样便建立起一种简单的数值微分方法

$$f'(a) \approx \frac{f(a+h)-f(a)}{h}$$

类似地,亦可用向后差商作近似计算

$$f'(a) \approx \frac{f(a)-f(a-h)}{h}$$

或用中心差商

$$f'(a) \approx \frac{f(a+h)-f(a-h)}{2h}$$

后一种数值微分方法称**中点方法**,它其实是前两种方法的算术平均。

由图 2.2 可知,上述三种导数的近似值分别表示弦线 AB、AC 和 BC 的斜率,比较这三条弦线与切线 AT(其斜率等于导数值 $f'(a)$)平行的程度,从图形上可以明显地看出,其中以 BC 的斜率更接近于切线 AT 的斜率。因此,就精度而言,以中点方法更为可取。

为了运用中点公式

$$G(h) \approx \frac{f(a+h)-f(a-h)}{2h} \tag{38}$$

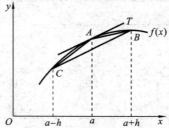

图 2.2 中点方法的逼近效果

计算导数值 $f'(a)$，必须选取合适的步长。为此需要进行误差分析。将 $f(a\pm h)$ 在 $x=a$ 处 Taylor 展开，有

$$f(a\pm h)=f(a)\pm hf'(a)+\frac{h^2}{2!}f''(a)\pm\frac{h^3}{3!}f'''(a)+\frac{h^4}{4!}f^{(4)}(a)\pm\frac{h^5}{5!}f^{(5)}(a)+\cdots$$

代入式（38）得

$$G(h)=f'(a)+\frac{h^2}{3!}f'''(a)+\frac{h^4}{5!}f^{(5)}(a)+\cdots \tag{39}$$

由此得知，从截断误差的角度来看，步长越小，计算结果越准确。

再考察舍入误差。按式（38）计算，当 h 很小时，由于 $f(a+h)$ 与 $f(a-h)$ 很接近，直接相减会造成有效数字的严重损失。因此，从舍入误差的角度来看，步长是不宜太小的。

综上所述，步长过大，则截断误差显著；步长太小，又会导致舍入误差的增长。因此，在实际计算数值微分时，人们希望在保证截断误差满足精度要求的前提下选取尽可能大的步长。然而，事先给出一个适合的步长往往是困难的，因此通常在变步长的过程中实现步长的自动选择。

例 5　用变步长的中点方法求 e^x 在 $x=1$ 的导数值，设从 $h=0.8$ 算起。

解　这里采用的计算公式是

$$G(h)=\frac{e^{1+h}-e^{1-h}}{2h}$$

式中步长 $h=\dfrac{0.8}{2^k}$。二分 9 次得结果 $G=2.718\,28$，它的每一数字都是有效数字（所求导数的精确值为 $e=2.718\,281\,8\cdots$）。

2.　中点方法的加速

为了将中点方法加速，需要分析误差的性态。可以看到，其余项展开式（39）具有下列形式：

$$G(h)=f'(a)+\alpha_1 h^2+\alpha_2 h^4+\alpha_3 h^6+\cdots \tag{40}$$

式中，系数 $\alpha_1,\alpha_2,\cdots$ 均与步长 h 无关。若将步长减半，则有

$$G\Big(\frac{h}{2}\Big)=f'(a)+\frac{\hat{\alpha}_1}{4}h^2+\hat{\alpha}_2 h^4+\hat{\alpha}_3 h^6+\cdots \tag{41}$$

注意，这里的 $\hat{\alpha}_k$ 与将要出现的 β_k,γ_k 等均为与 h 无关的系数。

设将式（40）与式（41）按以下方式加权平均

$$G_1(h)=\frac{4}{3}G\Big(\frac{h}{2}\Big)-\frac{1}{3}G(h) \tag{42}$$

则可以从余项展开式中消去误差的主要部分 h^2 项，而得到

$$G_1(h) = f'(a) + \beta_1 h^4 + \beta_2 h^6 + \cdots$$

若令

$$G_2(h) = \frac{16}{15} G_1\left(\frac{h}{2}\right) - \frac{1}{15} G_1(h) \tag{43}$$

则又可进一步从余项展开式中消去 h^4 项,而有

$$G_2(h) = f'(a) + \gamma_1 h^6 + \cdots$$

重复同样的手续,可以再导出下列加速公式

$$G_3(h) = \frac{64}{63} G_2\left(\frac{h}{2}\right) - \frac{1}{63} G_2(h) \tag{44}$$

这种加速过程还可以继续下去,不过加速的效果越来越不显著。

有趣的是,把中点方法的加速公式(42)、(43)、(44)与梯形法的加速公式(34)、(36)、(37)相比较,可以看到,两者的松弛因子是完全一样的。

例 6 运用加速公式(42)、(43)和(44)加工例 5 的结果。

解 计算结果见表 2.6。这里,加速的效果依然是相当显著的。

表 2.6

h	$G(h)$	$G_1(h)$	$G_2(h)$	$G_3(h)$
0.8	3.017 65	2.715 917	2.718 285	2.718 28
0.4	2.791 35	2.718 137	2.718 276	
0.2	2.736 44	2.719 267		
0.1	2.722 81			

3. 插值型的求导公式

设已知 $f(x)$ 在节点 $x_k(k=0,1,\cdots,n)$ 的函数值,利用所给数据作 n 次插值多项式 $p_n(x)$,并取 $p_n'(x)$ 的值作为 $f'(x)$ 的近似值,这样建立的数值公式

$$f'(x) \approx p_n'(x) \tag{45}$$

统称**插值型求导公式**。

应当指出,即使 $p_n(x)$ 与 $f(x)$ 处处相差不多,$p_n'(x)$ 与 $f'(x)$ 在某些点仍然可能出入很大,因而在使用求导公式时要特别注意误差的分析。

依据插值余项定理(第 1 章定理 4),求导公式(45)的余项为

$$f'(x) - p_n'(x) = \frac{f^{(n+1)}(\xi)}{(n+1)!} \omega'(x) + \frac{\omega(x)}{(n+1)!} \frac{\mathrm{d}}{\mathrm{d}x} f^{(n+1)}(\xi)$$

式中 $\omega(x) = \prod_{j=0}^{n} (x - x_j)$。在这一余项公式中,由于 ξ 是 x 的未知函数,我们无法

对它的第二项 $\dfrac{\omega(x)}{(n+1)!}\dfrac{\mathrm{d}}{\mathrm{d}x}f^{(n+1)}(\xi)$ 作出进一步的说明。因此,对于随意给出的点 x,误差 $f'(x)-p'_n(x)$ 是无法预估的。但是,如果只是求某个节点 x_k 上的导数值,则上式的第二项因 $\omega(x_k)=0$ 而等于 0,这时有余项公式

$$f'(x_k)-p'_n(x_k)=\frac{f^{(n+1)}(\xi)}{(n+1)!}\omega'(x_k) \tag{46}$$

下面具体建立插值型的求导公式。

设已给出三个节点 $x_0,x_1=x_0+h,x_2=x_0+2h$ 上的函数值,作二次插值

$$p_2(x)=\frac{(x-x_1)(x-x_2)}{(x_0-x_1)(x_0-x_2)}f(x_0)+\frac{(x-x_0)(x-x_2)}{(x_1-x_0)(x_1-x_2)}f(x_1)$$
$$+\frac{(x-x_0)(x-x_1)}{(x_2-x_0)(x_2-x_1)}f(x_2)$$

令 $x=x_0+th$,上式可表示为

$$p_2(x_0+th)=\frac{1}{2}(t-1)(t-2)f(x_0)-t(t-2)f(x_1)+\frac{1}{2}t(t-1)f(x_2)$$

两端对 t 求导数,有

$$p'_2(x_0+th)=\frac{1}{2h}\big[(2t-3)f(x_0)-4(t-1)f(x_1)+(2t-1)f(x_2)\big] \tag{47}$$

这里撇号 "′" 表示对变量 x 求导数。上式分别取 $t=0,1,2$ 得到下列三种求导公式:

$$f'(x_0)\approx\frac{1}{2h}\big[-3f(x_0)+4f(x_1)-f(x_2)\big] \tag{48}$$

$$f'(x_1)\approx\frac{1}{2h}\big[-f(x_0)+f(x_2)\big] \tag{49}$$

$$f'(x_2)\approx\frac{1}{2h}\big[f(x_0)-4f(x_1)+3f(x_2)\big] \tag{50}$$

其中公式(49)是我们所熟悉的中点公式。在上述三点公式中,它由于少用了一个函数值 $f(x_1)$ 而引人注目。

利用式(46),不难导出求导公式(48)~(50)的余项。

用插值多项式 $p_n(x)$ 作为 $f(x)$ 的近似函数,还可以建立高阶数值微分公式

$$f^{(k)}(x)\approx p_n^{(k)}(x)$$

例如,将式(47)对 t 再求导一次,有

$$p''_2(x_0+th)=\frac{1}{h^2}\big[f(x_0)-2f(x_1)+f(x_2)\big]$$

于是有下列二阶三点公式

$$f''(x_1)\approx\frac{1}{h^2}\big[f(x_0)-2f(x_1)+f(x_2)\big]$$

本 章 小 节

1. 本章首先提出了机械求积的概念。众所周知,基于 Newton-Leibniz 公式,微积分学将积分计算归结为寻求原函数。问题在于科学计算中面对的被积函数可能很复杂,直接寻求其原函数往往很困难,甚至是不可能的。与此不同,机械求积方法将积分求值问题归结为提供若干节点上的函数值,从而使问题获得了实质性的简化。

2. 为了设计机械求积公式,需要提供求积节点及其相应的求积系数(权系数)。求积公式的设计是一个确定这些参数的代数问题。

机械求积是一类近似方法。为了保证这类方法行之有效,要求它具有足够的精度。本章侧重于从代数精度的角度审视求积公式,令它对于次数尽可能高的多项式能准确成立,从而将求积公式的设计归结为解方程。

3. 求积公式的设计要区分两种情况。如果求积节点事先给定,譬如取求积区间上的等分点作为求积节点,则所归结出的方程组是线性的,这时处理过程比较简单。据此可设计出一大类 Newton-Cotes 公式。事实上,有价值的 Newton-Cotes 公式主要有梯形公式、Simpson 公式和 Cotes 公式。

如果求积节点不加限定,而是灵活地选取,则可能进一步提高求积公式的精度。这类求积公式称为 Gauss 公式。

表面上看,设计 Gauss 公式要面对非线性方程组,从而存在实质性的困难。其实,"好"的数学对象必然是"美"的,而对称美则是数学美的一个重要标志。可以看到,基于对称性原则很容易化解 Gauss 公式设计过程中的难点。对称性威力巨大!

值得指出的是,Gauss 型求积公式通常用于计算无穷积分、奇异积分等特殊类型的积分。

4. 为了改善求积方法的精度,亦可仿照插值方法采用分段技术,即事先将求积区间划分为若干等份,然后在每个子区间(子区间长度称步长)上套用低阶求积公式计算积分值。这类求积方法称作是复化的。

步长的合理选取是运用复化求积方法的关键。步长太大则精度难以保证,步长太小则会导致计算量的浪费,然而事先给出一个合适的步长往往是困难的。

通常采用变步长的计算方案,即在等份数逐步倍增——相应地步长逐次减半的二分过程中计算积分值。每做一步,检查一下二分前后计算结果的偏差,直到满足精度要求时终止计算。

5. 在二分过程中考察几种低阶求积公式的联系,不难发现,二分前后两个梯形值适当组合可以获得 Simpson 值,而二分前后两个 Simpson 值适当组合又可进一步获得 Cotes 值。如果将二分前后两个 Cotes 值再适当组合即可获得更高精度的 Romberg 值。这样,先在二分过程中逐步计算出梯形值序列,然后再将它逐步加工成 Simpson 值序列、Cotes 值序列与 Romberg 值序列。这就是著名的 Romberg 算法。

　　Romberg 算法在几乎不增加计算量的前提下显著地提高了计算结果的精度,其加速效果是奇妙的。它是优秀数值算法的一个范例。

　　6. 数值求积的 Romberg 加速算法是 20 世纪中(1955 年)才提出来的。令人感到不可思议的是,早在 3 世纪(公元 263 年以前),魏晋大数学家刘徽在圆周率的割圆计算中,就已经运用了今日被称为松弛技术的加速技术。这是一项超越时代的辉煌成就。这是中华先贤的大智慧。有兴趣的读者请参看本书第 8 章。

习　　题

　　1. 试判定下列求积公式的代数精度:

$$\int_0^1 f(x)\mathrm{d}x \approx \frac{3}{4} f\left(\frac{1}{3}\right) + \frac{1}{4} f(1)$$

　　2. 确定下列求积公式中的待定参数,使其代数精度尽量地高,并指明求积公式所具有的代数精度:

　　$(1) \displaystyle\int_{-h}^{h} f(x)\mathrm{d}x \approx A_0 f(-h) + A_1 f(0) + A_2 f(h)$

　　$(2) \displaystyle\int_0^1 f(x)\mathrm{d}x \approx A_0 f\left(\frac{1}{4}\right) + A_1 f\left(\frac{1}{2}\right) + A_2 f\left(\frac{3}{4}\right)$

　　$(3) \displaystyle\int_0^1 f(x)\mathrm{d}x \approx \frac{1}{4} f(0) + A_0 f(x_0)$

　　3. 下列求积公式称作 Simpson 3/8 公式:

$$\int_0^3 f(x)\mathrm{d}x \approx \frac{3}{8}\big[f(0) + 3f(1) + 3f(2) + f(3) \big]$$

试判定这一求积公式的代数精度。

　　4. 给定求积节点 $x_0 = \dfrac{1}{4}$,$x_1 = \dfrac{3}{4}$,试构造计算积分 $I = \displaystyle\int_0^1 f(x)\mathrm{d}x$ 的插值型求积公式,并指明该求积公式的代数精度。

　　5. 证明:如果求积公式(4)对函数 $f(x)$ 和 $g(x)$ 准确成立,则它对于 $\alpha f(x) + \beta g(x)$(α,β 均为常数)亦准确成立。因此,只要求积公式(4)对于幂函数 x^k($k=0, 1,\cdots,m$)是准确的,则它至少具有 m 次代数精度。

　　6. 推导下列三种矩形公式:

(1) 左矩形公式

$$\int_a^b f(x)\mathrm{d}x \approx (b-a)f(a) + \frac{1}{2}f'(\eta)(b-a)^2$$

(2) 右矩形公式

$$\int_a^b f(x)\mathrm{d}x \approx (b-a)f(b) - \frac{1}{2}f'(\eta)(b-a)^2$$

(3) 中矩形公式

$$\int_a^b f(x)\mathrm{d}x \approx (b-a)f\left(\frac{a+b}{2}\right) + \frac{1}{24}f''(\eta)(b-a)^3$$

7. 验证求积公式

$$\int_1^3 f(x)\mathrm{d}x \approx \frac{5}{9}f\left(2-\sqrt{\frac{3}{5}}\right) + \frac{8}{9}f(2) + \frac{5}{9}f\left(2+\sqrt{\frac{3}{5}}\right)$$

是三点高斯公式。

8. 用三点高斯公式求下列积分值

$$\pi = \int_0^1 \frac{4}{1+x^2}\mathrm{d}x$$

9. 不用余项公式而直接检验下列数值微分方法的代数精度：

(1) 前差公式　　　　$f'(a) \approx \dfrac{f(a+h)-f(a)}{h}$

(2) 后差公式　　　　$f'(a) \approx \dfrac{f(a)-f(a-h)}{h}$

(3) 中差公式　　　$f'(a) \approx \dfrac{f(a+h)-f(a-h)}{2h}$

第3章 常微分方程的差分法

科学计算中常常需要求解常微分方程的定解问题。这类问题的最简形式是本章将要着重考察的一阶方程的初值问题

$$
\begin{cases}
y' = f(x, y) \\
y(x_0) = y_0
\end{cases}
\tag{1}
$$

这里假定右函数 $f(x, y)$ 适当光滑,譬如关于 y 满足 Lipschitz 条件,以保证上述初值问题的解 $y(x)$ 存在且唯一。

虽然求解常微分方程有各种各样的解析方法,但解析方法只能用来求解一些特殊类型的方程。求解从实际问题中归结出来的微分方程主要靠数值解法。

差分方法是一类重要的数值解法。这类方法回避解 $y(x)$ 的函数表达式,而是寻求它在一系列离散节点

$$
x_0 < x_1 < x_2 < \cdots < x_n < \cdots
$$

上的近似值 $y_0, y_1, y_2, \cdots, y_n, \cdots$。相邻两个节点的间距 $h = x_{i+1} - x_i$ 称**步长**。通常假定步长 h 为定数。

初值问题的各种差分方法有个基本特点,它们都采取"步进式",即求解过程顺着节点排列的次序,一步一步地向前推进。描述这类算法,只要给出从已知信息 $y_n, y_{n-1}, y_{n-2}, \cdots$ 计算 y_{n+1} 的递推公式。这类计算公式称为差分格式。

总之,差分方法的设计思想是,将寻求微分方程的解 $y(x)$ 的分析问题化归为计算离散值 $\{y_n\}$ 的代数问题,而"步进式"则进一步将计算模型化归为仅含一个变元 y_{n+1} 的代数方程——所谓差分格式,这就达到了化繁为简的目的。

3.1 Euler 方法

方程(1)中含有导数项 y',这是微分方程的本质特征,也正是它难以求解的症结所在。导数是无穷极限过程的结果,而计算过程则总是有限的。因此,数值解法的第一步就是消除式(1)中的导数项 y',这项手续称**离散化**。由于差商是微分的近似运算,实现离散化的一种直截了当的途径是用差商替代导数。

1. Euler 格式

根据方程(1),列出点 x_n 的方程

$$y'(x_n) = f(x_n, y(x_n))$$

并用差商 $\dfrac{y(x_{n+1}) - y(x_n)}{h}$ 替代其中的导数项 $y'(x_n)$，则有

$$y(x_{n+1}) \approx y(x_n) + h f(x_n, y(x_n)) \qquad (2)$$

若用 $y(x_n)$ 的近似值 y_n 代入上式右端，并记所得结果为 y_{n+1}，这样设计出的计算公式

$$y_{n+1} = y_n + h f(x_n, y_n), \quad n = 0, 1, 2, \cdots \qquad (3)$$

就是著名的 **Euler 格式**。若初值 y_0 已知，则依格式（3）可逐步算出数值解 y_1，$y_2, \cdots$。

例 1 求解初值问题

$$\begin{cases} y' = y - \dfrac{2x}{y} & (0 \leqslant x \leqslant 1) \\ y(0) = 1 \end{cases} \qquad (4)$$

解 为便于进行比较，本章将用多种差分方法求解上述初值问题。这里先用 Euler 方法，求解方程（4）的 Euler 格式

$$y_{n+1} = y_n + h\left(y_n - \dfrac{2x_n}{y_n}\right)$$

取步长 $h = 0.1$，Euler 格式的计算结果见表 3.1。

表 3.1

x_n	y_n	$y(x_n)$	x_n	y_n	$y(x_n)$
0.1	1.100 0	1.095 4	0.6	1.509 0	1.483 2
0.2	1.191 8	1.183 2	0.7	1.580 3	1.549 2
0.3	1.277 4	1.264 9	0.8	1.649 8	1.612 5
0.4	1.358 2	1.341 6	0.9	1.717 8	1.673 3
0.5	1.435 1	1.414 2	1.0	1.784 8	1.732 1

初值问题（4）有解析解 $y = \sqrt{1+2x}$，这里将解的准确值 $y(x_n)$ 同近似值 y_n 一起列在表 3.1 中，两者比较可以看出 Euler 格式的精度很低。

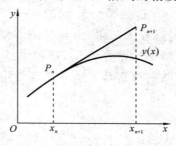

图 3.1 Euler 格式的几何解释

　　再从图形上看,假设节点 $P_n(x_n,y_n)$ 位于积分曲线 $y=y(x)$ 上,则按 Euler 格式定出的节点 $P_{n+1}(x_{n+1},y_{n+1})$ 必落在积分曲线 $y=y(x)$ 的切线上(见图 3.1),从这个角度也可以看出 Euler 格式是很粗糙的。

2. 隐式 Euler 格式

　　设改用向后差商 $\dfrac{y(x_{n+1})-y(x_n)}{h}$ 替代方程

$$y'(x_{n+1})=f(x_{n+1},y(x_{n+1}))$$

中的导数项 $y'(x_{n+1})$,再离散化,即可导出下列**隐式 Euler 格式**:

$$y_{n+1}=y_n+hf(x_{n+1},y_{n+1}) \tag{5}$$

这一格式与 Euler 格式(3)有着本质的区别:Euler 格式(3)是关于 y_n 的一个直接的计算公式,这类格式称作是**显式**的;而格式(5)的右端含有未知的 y_{n+1},它实际上是个关于 y_{n+1} 的函数方程(关于函数方程的解法将在下一章介绍),这类格式称作是**隐式**的。隐式格式的计算远比显式格式的计算困难。

　　由于数值微分的向前差商公式与向后差商公式具有同等精度,可以预料,隐式 Euler 格式(5)与显式 Euler 格式(3)的精度相当。

3. Euler 两步格式

　　为了改善精度,可以改用中心差商 $\dfrac{1}{2h}[y(x_{n+1})-y(x_{n-1})]$ 替代方程 $y'(x_n)=f(x_n,y(x_n))$ 中的导数项,再离散化,即可得出下列格式:

$$y_{n+1}=y_{n-1}+2hf(x_n,y_n) \tag{6}$$

　　无论是显式 Euler 格式(3)还是隐式 Euler 格式(5),它们都是**单步法**,其特点是计算 y_{n+1} 时只用到前一步的信息 y_n;然而格式(6)除了 y_n 以外,还显含更前一步的信息 y_{n-1},即调用了前面两步的信息,**Euler 两步格式**因此而得名。

　　Euler 两步格式(6)虽然比显式 Euler 格式或隐式 Euler 格式具有更高的精度,但它是一种两步法。两步法不能自行启动,实际使用时除初值 y_0 外还需要借助于某种一步法再提供一个**开始值** y_1,这就增加了计算程序的复杂性。

4. 梯形格式

　　设将方程 $y'=f(x,y)$ 的两端从 x_n 到 x_{n+1} 求积分,即得

$$y(x_{n+1}) = y(x_n) + \int_{x_n}^{x_{n+1}} f(x,y(x))\mathrm{d}x \tag{7}$$

显然,为了通过这个积分关系式获得 $y(x_{n+1})$ 的近似值,只要近似地算出其中的积分项 $\int_{x_n}^{x_{n+1}} f(x,y(x))\mathrm{d}x$,而选用不同的计算方法计算这个积分项,就会得到不同的差分格式。

例如,设用矩形方法计算积分项

$$\int_{x_n}^{x_{n+1}} f(x,y(x))\mathrm{d}x \approx hf(x_n,y(x_n))$$

代入式(7),有

$$y(x_{n+1}) \approx y(x_n) + hf(x_n,y(x_n))$$

据此离散化又可导出 Euler 格式(3)。由于数值积分的矩形方法精度很低,Euler 格式当然很粗糙。

为了提高精度,改用梯形方法计算积分项

$$\int_{x_n}^{x_{n+1}} f(x,y(x))\mathrm{d}x \approx \frac{h}{2}\big[f(x_n,y(x_n)) + f(x_{n+1},y(x_{n+1}))\big]$$

再代入式(7),有

$$y(x_{n+1}) \approx y(x_n) + \frac{h}{2}\big[f(x_n,y(x_n)) + f(x_{n+1},y(x_{n+1}))\big]$$

设将式中的 $y(x_n),y(x_{n+1})$ 分别用 y_n,y_{n+1} 替代,作为离散化的结果导出下列计算格式:

$$y_{n+1} = y_n + \frac{h}{2}\big[f(x_n,y_n) + f(x_{n+1},y_{n+1})\big] \tag{8}$$

与梯形求积公式相呼应的这一差分格式称作**梯形格式**。

容易看出,梯形格式(8)实际上是显式 Euler 格式(3)与隐式 Euler 格式(5)的算术平均。

5. 改进的 Euler 格式

Euler 格式(3)是一种显式算法,其计算量小,但精度很低;梯形格式(8)虽提高了精度,但它是一种隐式算法,需要借助于迭代过程求解,计算量大。

可以综合使用这两种方法,先用 Euler 格式求得一个初步的近似值,记为 $\bar{y}_{n+1}$,称之为**预报值**;预报值的精度不高,用它替代式(8)右端的 y_{n+1} 再直接计算,得到**校正值** y_{n+1}。这样建立的**预报校正系统**

预报 $\quad \bar{y}_{n+1} = y_n + hf(x_n,y_n)$

校正 $\quad y_{n+1} = y_n + \dfrac{h}{2}\big[f(x_n,y_n) + f(x_{n+1},\bar{y}_{n+1})\big]$ \hfill (9)

称作**改进的 Euler 格式**。这是一种一步显式格式，它可表示为如下嵌套形式

$$y_{n+1}=y_n+\frac{h}{2}\left[f(x_n,y_n)+f(x_{n+1},y_n+hf(x_n,y_n))\right]$$

或表示为下列平均化形式

$$\begin{cases} y_p=y_n+hf(x_n,y_n) \\ y_c=y_n+hf(x_{n+1},y_p) \\ y_{n+1}=\dfrac{1}{2}(y_p+y_c) \end{cases} \tag{10}$$

例 2　用改进的 Euler 方法求解初值问题(4)。

解　求解初值问题的改进的 Euler 格式(10)具有如下形式：

$$\begin{cases} y_p=y_n+h\left(y_n-\dfrac{2x_n}{y_n}\right) \\ y_c=y_n+h\left(y_p-\dfrac{2x_{n+1}}{y_p}\right) \\ y_{n+1}=\dfrac{1}{2}(y_p+y_c) \end{cases}$$

仍取 $h=0.1$，计算结果见表 3.2，与例 1 中 Euler 方法的计算结果（与表 3.1）比较，改进的 Euler 方法明显地改善了精度。

表 3.2

x_n	y_n	$y(x_n)$	x_n	y_n	$y(x_n)$
0.1	1.095 9	1.095 4	0.6	1.486 0	1.483 2
0.2	1.184 1	1.183 2	0.7	1.552 5	1.549 2
0.3	1.266 2	1.264 9	0.8	1.616 5	1.612 5
0.4	1.343 4	1.341 6	0.9	1.678 2	1.673 3
0.5	1.416 4	1.414 2	1.0	1.737 9	1.732 1

6.　Euler 方法的分类

前述 Euler 方法分**显式格式**与**隐式格式**两大类。Euler 格式与 Euler 两步格式是显式的，而隐式 Euler 格式与梯形格式则是隐式的。显式格式与隐式格式各有利弊：显式格式的计算量小，但稳定性较差；与此相反，隐式格式的稳定性好，但需要通过迭代法求解，计算量比较大。

实际应用时往往综合应用显式与隐式两种格式，即先用显式格式求得某个预报值，然后再用隐式格式迭代一次得出较高精度的校正值。改进的 Euler 格式正是这种**预报校正系统**。

Euler 方法又有**一步法**与**多步法**之分。在前述几种 Euler 格式中，Euler 两步

格式以外的几种格式都是一步法,顾名思义,Euler 两步格式则是两步法。比较一步法与多步法,前者计算量大,而后者由于使用了前面多步的老信息,不需要增加计算量即可获得较高的精度。不过多步法也有缺陷:它不能自行启动,必须依赖某种一步法为它提供所需的开始值,这就导致程序结构的复杂性。

后面的 3.2 节、3.3 节分别考察一步法的 Runge-Kutta 方法与多步法的 Adams 方法,它们分别是 Euler 方法的延伸与拓广。

7. Euler 方法的代数精度

类似于前面两章的处理方法,本章依然运用代数精度来判定差分格式的精度。

定义 1 如果某个差分格式的近似关系式对于次数不大于 m 的多项式均能准确成立,而对 $m+1$ 次式不能准确成立,则称该差分格式具有 m **阶精度**。

譬如,考察 Euler 格式(3):

$$y_{n+1} = y_n + h f(x_n, y_n)$$

其对应的近似关系式为

$$y(x_{n+1}) \approx y(x_n) + h y'(x_n)$$

检验它所具有的代数精度,当 $y=1$ 时

$$左端 = 右端 = 1$$

当 $y=x$ 时

$$左端 = 右端 = x_n + h$$

而当 $y = x^2$ 时

$$左端 = x_{n+1}^2 = (x_n + h)^2$$
$$右端 = x_n^2 + 2h x_n$$

这时左端 ≠ 右端,可见 Euler 格式仅有 1 阶精度。

类似地,不难验证隐式 Euler 格式同样仅有 1 阶精度。

再考察梯形格式(8):

$$y_{n+1} = y_n + \frac{h}{2} [f(x_n, y_n) + f(x_{n+1}, y_{n+1})]$$

其对应的近似关系式为

$$y(x_{n+1}) \approx y(x_n) + \frac{h}{2} [y'(x_n) + y'(x_{n+1})] \tag{11}$$

值得指出的是,为简化处理手续,可引进变换 $x = x_n + th$,而不妨令节点 $x_n = 0$,步长 $h = 1$,从而将近似关系式化简。这时,梯形格式的近似关系式(11)简化为

$$y(1) \approx y(0) + \frac{1}{2} [y'(0) + y'(1)]$$

易知它对 $y=1,x,x^2$ 均准确成立,而当 $y=x^3$ 时,左端=1,右端=$\dfrac{3}{2}$,因而梯形格式具有 2 阶精度。

3.2　Runge-Kutta 方法

1. Runge-Kutta 方法的设计思想

考察差商 $\dfrac{y(x_{n+1})-y(x_n)}{h}$,根据微分中值定理,存在点 $\xi,x_n<\xi<x_{n+1}$,使得

$$\frac{y(x_{n+1})-y(x_n)}{h}=y'(\xi)$$

从而利用所给方程 $y'=f$ 得

$$y(x_{n+1})=y(x_n)+hf(\xi,y(\xi))=y(x_n)+hK^* \tag{12}$$

式中,$K^*=f(\xi,y(\xi))$ 称作区间 $[x_n,x_{n+1}]$ 上的平均斜率。这样,只要对平均斜率 K^* 提供一种算法,由式(12)便相应地导出一种计算格式。

按照这种观点考察 Euler 格式(3),它简单地取点 x_n 的斜率值 $K_1=f(x_n,y_n)$ 作为平均斜率 K^*,精度自然很低。

再考察改进的 Euler 格式(9),它可改写成下列形式:

$$\begin{cases} y_{n+1}=y_n+\dfrac{h}{2}(K_1+K_2) \\ K_1=f(x_n,y_n) \\ K_2=f(x_{n+1},y_n+hK_1) \end{cases} \tag{13}$$

因此可以理解为:它用 x_n 与 x_{n+1} 两个点的斜率值 K_1 和 K_2 取算术平均作为平均斜率 K^*,而 x_{n+1} 处的斜率值 K_2 则利用已知信息 y_n 通过 Euler 格式来预报。

这个处理过程启示我们,如果设法在 $[x_n,x_{n+1}]$ 内多预报几个点的斜率值,然后将它们加权平均作为平均斜率 K^*,则有可能构造出更高精度的计算格式,这就是 **Runge-Kutta 方法的设计思想**。

2. 中点格式

再考察 Euler 两步格式(6):

$$\begin{cases} y_{n+1}=y_{n-1}+2hy'_n \\ y'_n=f(x_n,y_n) \end{cases}$$

这一格式用区间 $[x_{n-1},x_{n+1}]$ 中点 x_n 的斜率值 y'_n 作为该区间上的平均斜率。不

难验证它有 2 阶精度。因此,如果改用区间 $[x_n,x_{n+1}]$ 中点 $x_{n+\frac{1}{2}}$ 的斜率值 $y'_{n+\frac{1}{2}}$ 作为该区间上的平均斜率,则所设计出的差分格式

$$y_{n+1}=y_n+hy'_{n+\frac{1}{2}} \tag{14}$$

亦应有 2 阶精度。问题在于该如何生成 $y'_{n+\frac{1}{2}}$。

设 y_n 为已知,则可用 Euler 格式预报 $y_{n+\frac{1}{2}}$,即

$$y_{n+\frac{1}{2}}=y_n+\frac{h}{2}y'_n$$

从而有

$$y'_{n+\frac{1}{2}}=f(x_{n+\frac{1}{2}},y_{n+\frac{1}{2}})$$

这样设计出的格式:

$$\begin{cases} y_{n+1}=y_n+hK_2 \\ K_1=f(x_n,y_n) \\ K_2=f\left(x_{n+\frac{1}{2}},y_n+\frac{h}{2}K_1\right) \end{cases} \tag{15}$$

称作**变形的 Euler 格式**,或称**中点格式**。

表面上看,中点格式 $y_{n+1}=y_n+hK_2$ 中仅含一个斜率值 K_2,然而 K_2 是通过 K_1 计算出来的,因此它每做一步仍然需要 2 次计算函数 f 的值,其工作量和改进的 Euler 格式(13)相同。

例 3 用中点格式(15)求解初值问题(4)。

解 仍取 $h=0.1$,计算结果见表 3.3。比较例 2 的结果可以看到,中点格式与改进的 Euler 格式精度相当。

表 3.3

x_n	y_n	$y(x_n)$	x_n	y_n	$y(x_n)$
0.1	1.095 5	1.095 4	0.6	1.483 7	1.483 2
0.2	1.183 3	1.183 2	0.7	1.549 8	1.549 2
0.3	1.265 1	1.264 9	0.8	1.613 2	1.612 5
0.4	1.341 9	1.341 6	0.9	1.674 2	1.673 3
0.5	1.414 6	1.414 2	1.0	1.733 1	1.732 1

3. 二阶 Runge-Kutta 方法

推广改进的 Euler 格式(13)与中点格式(15)。对于区间 $[x_n,x_{n+1}]$ 内任意给定的一点 x_{n+p}:

$$x_{n+p}=x_n+ph, \quad 0<p\leqslant 1$$

现用 x_n 和 x_{n+p} 两个点的斜率值 K_1 和 K_2 加权平均得到平均斜率 K^*,即令

$$y_{n+1} = y_n + h[(1-\lambda)K_1 + \lambda K_2] \tag{16}$$

式中 λ 为待定系数。同改进的 Euler 格式一样,这里仍取 $K_1 = f(x_n, y_n)$,问题在于该怎样预报 x_{n+p} 处的斜率值 K_2?

仿照改进的 Euler 格式,先用 Euler 格式提供 $y(x_{n+p})$ 的预报值 y_{n+p}:

$$y_{n+p} = y_n + phK_1$$

然后用 y_{n+p} 通过计算 f 产生斜率值

$$K_2 = f(x_{n+p}, y_{n+p})$$

这样设计出的计算格式具有如下形式:

$$\begin{cases} y_{n+1} = y_n + h[(1-\lambda)K_1 + \lambda K_2] \\ K_1 = f(x_n, y_n) \\ K_2 = f(x_{n+p}, y_n + phK_1) \end{cases} \tag{17}$$

问题在于,如何选取参数 λ 的值,使得格式(17)具有较高的精度。

为此考察格式(16)对应的近似关系式,注意到其中的 K_1, K_2 分别代表点 x_n, x_{n+p} 处的斜率值,有

$$y(x_{n+p}) \approx y(x_n) + h[(1-\lambda)y'(x_n) + \lambda y'(x_{n+p})]$$

容易看出,不管 λ 如何选取,上式均有 1 阶精度。可以适当选取参数 λ,使上式具有 2 阶精度。为简化处理,仍令 $x_n = 0, h = 1$,这时上述近似关系式简化为

$$y(p) \approx y(0) + (1-\lambda)y'(0) + \lambda y'(p)$$

令它对于 $y = x^2$ 准确成立,得知

$$\lambda \cdot p = \frac{1}{2} \tag{18}$$

满足这项条件的一族格式(17)统称**二阶 Runge-Kutta 格式**。

二阶 Runge-Kutta 格式有两个重要的特例。当 $p = 1, \lambda = \frac{1}{2}$ 时,格式(17)是改进的 Euler 格式(13),而如果取 $p = \frac{1}{2}, \lambda = 1$,这时二阶 Runge-Kutta 格式是中点格式(15)。

4. Kutta 格式

进一步用三个点 $x_n, x_{n+\frac{1}{2}}, x_{n+1}$ 的斜率值加权平均生成区间 $[x_n, x_{n+1}]$ 上的平均斜率,而考察如下形式的差分格式:

$$y_{n+1} = y_n + h(\lambda_0 y'_n + \lambda_1 y'_{n+\frac{1}{2}} + \lambda_2 y'_{n+1})$$

其相应的近似关系式为

$$y(1) \approx y(0) + \lambda_0 y'(0) + \lambda_1 y'\left(\frac{1}{2}\right) + \lambda_2 y'(1)$$

它对 $y=1$ 自然准确,令对于 $y=x, x^2, x^3$ 准确成立,可列出方程

$$\begin{cases} \lambda_0 + \lambda_1 + \lambda_2 = 1 \\ \lambda_1 + 2\lambda_2 = 1 \\ \dfrac{3}{4}\lambda_1 + 3\lambda_2 = 1 \end{cases}$$

解得

$$\lambda_0 = \lambda_2 = \frac{1}{6}, \quad \lambda_1 = \frac{2}{3}$$

于是有

$$y_{n+1} = y_n + \frac{h}{6}(y'_n + 4y'_{n+\frac{1}{2}} + y'_{n+1})$$

为了使这个式子成为差分格式,剩下的问题是如何利用 y_n, y'_n 预报 $y'_{n+\frac{1}{2}}$ 和 y'_{n+1},再用 Euler 格式,有

$$y_{n+\frac{1}{2}} = y_n + \frac{h}{2}y'_n$$

从而有

$$y'_{n+\frac{1}{2}} = f(x_{n+\frac{1}{2}}, y_{n+\frac{1}{2}})$$

进一步令

$$y'_{n+1} = (1-\omega)y'_n + \omega y'_{n+\frac{1}{2}}$$

其相应的近似关系式为

$$y'(1) \approx (1-\omega)y'(0) + \omega y'\left(\frac{1}{2}\right)$$

它对于 $y=1, y=x$ 自然成立,令对于 $y=x^2$ 成立即可定出 $\omega=2$,从而有

$$y'_{n+1} = -y'_n + 2y'_{n+\frac{1}{2}}$$

综上所述,这样设计出的差分格式具有如下形式:

$$\begin{cases} y_{n+1} = y_n + \dfrac{h}{6}(K_1 + 4K_2 + K_3) \\ K_1 = f(x_n, y_n) \\ K_2 = f\left(x_{n+\frac{1}{2}}, y_n + \dfrac{h}{2}K_1\right) \\ K_3 = f(x_{n+1}, y_n + h(-K_1 + 2K_2)) \end{cases}$$

这种 3 阶格式称作 **Kutta 格式**。

5.　四阶经典 Runge-Kutta 格式

继续这一过程,设法在区间 $[x_n, x_{n+1}]$ 内多预报几个点的斜率值,然后将它们

加权平均作为平均斜率,即可以设计出更高精度的单步格式。这类格式统称 **Runge-Kutta 格式**。实际计算中常用的 Runge-Kutta 格式是所谓**四阶经典格式**:

$$\begin{cases} y_{n+1} = y_n + \dfrac{h}{6}(K_1 + 2K_2 + 2K_3 + K_4) \\[2mm] K_1 = f(x_n, y_n) \\[2mm] K_2 = f\left(x_{n+\frac{1}{2}}, y_n + \dfrac{h}{2}K_1\right) \\[2mm] K_3 = f\left(x_{n+\frac{1}{2}}, y_n + \dfrac{h}{2}K_2\right) \\[2mm] K_4 = f(x_{n+1}, y_n + hK_3) \end{cases} \tag{19}$$

这一格式用 4 个点 $x_n, x_{n+\frac{1}{2}}, x_{n+\frac{1}{2}}, x_{n+1}$（注意点 $x_{n+\frac{1}{2}}$ 复用了一次）的斜率值 K_1, K_2, K_3, K_4 加权平均生成平均斜率,其中 $K_1 = f(x_n, y_n)$ 可直接求出,然后再依次预报出 K_2, K_3 和 K_4。可以看到,这一格式每一步需 4 次计算函数值 f。

例 4　取步长 $h = 0.2$,从 $x = 0$ 直到 $x = 1$ 用四阶经典 Runge-Kutta 方法(19)求解初值问题(4)。

解　这里的四阶经典格式(19)中 K_1, K_2, K_3, K_4 的具体形式是

$$K_1 = y_n - \frac{2x_n}{y_n}$$

$$K_2 = y_n + \frac{h}{2}K_1 - \frac{2x_n + h}{y_n + \dfrac{h}{2}K_1}$$

$$K_3 = y_n + \frac{h}{2}K_2 - \frac{2x_n + h}{y_n + \dfrac{h}{2}K_2}$$

$$K_4 = y_n + hK_3 - \frac{2(x_n + h)}{y_n + hK_3}$$

表 3.4 记录了计算结果,其中,$y(x_n)$ 仍表示准确解。

表 3.4

x_n	y_n	$y(x_n)$	x_n	y_n	$y(x_n)$
0.2	1.183 2	1.183 2	0.8	1.612 5	1.612 5
0.4	1.341 7	1.341 6	1.0	1.732 1	1.732 1
0.6	1.483 3	1.483 2			

比较例 4 与例 2 的计算结果,显然经典格式的精度更高。要注意的是,虽然经典格式的计算量比改进的 Euler 格式的计算量大一倍,但由于这里放大了步长,得出表 3.4 所耗费的计算量几乎与表 3.2 相同。这个例子又一次显示了选择算法的重要意义。

3.3 Adams 方法

前述 Runge-Kutta 方法是一类重要方法,但这类方法的每一步需要先预报几个点上的斜率值,计算量比较大。考虑到在计算 y_{n+1} 之前已得出一系列节点 $x_n, x_{n-1}, \cdots$ 上的斜率值,自然会问,能否利用这些"老信息"来减少计算量呢? 这就是 Adams 方法的设计思想。

特别地,Euler 格式

$$\begin{cases} y_{n+1} = y_n + h y'_n \\ y'_n = f(x_n, y_n) \end{cases}$$

和隐式 Euler 格式

$$\begin{cases} y_{n+1} = y_n + h y'_{n+1} \\ y'_{n+1} = f(x_{n+1}, y_{n+1}) \end{cases}$$

都是**一阶 Adams 方法**。

1. 二阶 Adams 格式

设用 x_n, x_{n-1} 两点的斜率值加权平均生成区间 $[x_{n-1}, x_n]$ 上的平均斜率,而设计如下形式的差分格式:

$$\begin{cases} y_{n+1} = y_n + h[(1-\lambda) y'_n + \lambda y'_{n-1}] \\ y'_n = f(x_n, y_n) \\ y'_{n-1} = f(x_{n-1}, y_{n-1}) \end{cases}$$

现在适当选取参数 λ,使上述格式具有 2 阶精度。为此考察相应的近似关系式,仍设 $x_n = 0, h = 1$,有

$$y(1) \approx y(0) + (1-\lambda) y'(0) + \lambda y'(-1)$$

令对于 $y = x^2$ 准确,可定出 $\lambda = -\dfrac{1}{2}$,这样设计出的计算格式

$$y_{n+1} = y_n + \frac{h}{2}(3y'_n - y'_{n-1})$$

称作**二阶显式 Adams 格式**。

类似地,改用 x_n, x_{n+1} 两个节点的斜率值 y'_n 与 y'_{n+1} 生成区间 $[x_n, x_{n+1}]$ 上的平均斜率,而使格式

$$\begin{cases} y_{n+1} = y_n + h[(1-\lambda) y'_{n+1} + \lambda y'_n] \\ y'_n = f(x_n, y_n) \\ y'_{n+1} = f(x_{n+1}, y_{n+1}) \end{cases}$$

具有 2 阶精度，不难定出 $\lambda=\dfrac{1}{2}$，从而有**二阶隐式 Adams 格式**

$$y_{n+1}=y_n+\frac{h}{2}(y'_{n+1}+y'_n)$$

它是大家所熟知的梯形格式(8)。

2. 误差的事后估计

仿照改进的 Euler 格式的构造方法，可以将显式与隐式两种 Adams 格式匹配在一起，构成下列**二阶 Adams 预报校正系统**：

$$\begin{aligned}
\text{预报}\quad &\bar{y}_{n+1}=y_n+\frac{h}{2}(3y'_n-y'_{n-1})\\
&\bar{y}'_{n+1}=f(x_{n+1},\bar{y}_{n+1})\\
\text{校正}\quad &y_{n+1}=y_n+\frac{h}{2}(\bar{y}'_{n+1}+y'_n)\\
&y'_{n+1}=f(x_{n+1},y_{n+1})
\end{aligned}\tag{20}$$

这种预报校正系统是个两步法，它在计算 y_{n+1} 时不但要用到前一步的信息 y_n,y'_n，而且要用到更前一步的信息 y'_{n-1}，因此它不能自行启动。在实际计算时，可以先借助于某种单步法——譬如具有 2 阶精度的改进的 Euler 格式提供初始值 y_1，然后再启动上述预报系统逐步计算下去。

上述预报校正技术不仅能设计出实用算法，而且还能用于误差的事后估计。为此再考察系统(20)中预报与校正两种格式：

$$p_{n+1}=y_n+\frac{h}{2}(3y'_n-y'_{n-1})$$

$$c_{n+1}=y_n+\frac{h}{2}(y'_{n+1}+y'_n)$$

注意到它们均具有 2 阶精度，进一步将它们加工成具有 3 阶精度的计算格式

$$y_{n+1}=(1-\omega)p_{n+1}+\omega c_{n+1}$$

考察其相应的近似关系式

$$y(x_{n+1})\approx y(x_n)+(1-\omega)\frac{h}{2}[3y'(x_n)-y'(x_{n-1})]$$

$$+\omega\frac{h}{2}[y'(x_{n+1})+y'(x_n)]$$

不妨设 $x_n=0,h=1$，令对于 $y=x^3$ 准确成立，可定出 $\omega=\dfrac{5}{6}$，从而有

$$y_{n+1}=\frac{1}{6}p_{n+1}+\frac{5}{6}c_{n+1}$$

由于这里 y_{n+1} 是具有 3 阶精度的"准确"值,因而可以用预报值与校正值两者的偏差来估计它们的误差:

$$y_{n+1} - p_{n+1} = -\frac{5}{6}(p_{n+1} - c_{n+1})$$

$$y_{n+1} - c_{n+1} = \frac{1}{6}(p_{n+1} - c_{n+1})$$

(21)

利用误差作为计算结果的一种补偿有可能改善精度,因而基于这种误差的事后估计可以进一步优化预报校正系统(20)。就是说,按照式(21),p_{n+1} $-\frac{5}{6}(p_{n+1} - c_{n+1})$ 与 $c_{n+1} + \frac{1}{6}(p_{n+1} - c_{n+1})$ 分别可以看作 p_{n+1} 与 c_{n+1} 的改进值。在校正值 c_{n+1} 求出之前,可用上一步的偏差值 $p_n - c_n$ 替代 $p_{n+1} - c_{n+1}$ 进行计算,这样,Adams 预报校正系统(20)可改进为如下**改进的二阶 Adams 预报校正系统**:

$$\text{预报} \quad p_{n+1} = y_n + \frac{h}{2}(3y'_n - y'_{n-1})$$

$$\text{改进} \quad m_{n+1} = p_{n+1} - \frac{5}{6}(p_n - c_n)$$

$$m'_{n+1} = f(x_{n+1}, m_{n+1})$$

$$\text{校正} \quad c_{n+1} = y_n + \frac{h}{2}(m'_{n+1} + y'_n)$$

(22)

$$\text{改进} \quad y_{n+1} = c_{n+1} + \frac{1}{6}(p_{n+1} - c_{n+1})$$

$$y'_{n+1} = f(x_{n+1}, y_{n+1})$$

需要指出的是,运用上述计算方案时要用到前面两步的信息 y_n, y'_n, y_{n-1}, y'_{n-1} 和 $p_n - c_n$,因此在启动之前必须先提供初始值 y_1 与 $p_1 - c_1$。同 Adams 预报校正系统一样,初始值 y_1 可用改进的 Euler 格式(9)来提供,而 $p_1 - c_1$ 一般令其等于 0。

3. 实用的四阶 Adams 预报校正系统

运用上述处理方法,不难导出如下显式与隐式**四阶 Adams 格式**:

$$y_{n+1} = y_n + \frac{h}{24}(55y'_n - 59y'_{n-1} + 37y'_{n-2} - 9y'_{n-3})$$

$$y_{n+1} = y_n + \frac{h}{24}(9y'_{n+1} + 19y'_n - 5y'_{n-1} + y'_{n-2})$$

(23)

将两者匹配在一起,即可生成下列**四阶 Adams 预报校正系统**:

预报　$\bar{y}_{n+1} = y_n + \dfrac{h}{24}(55y'_n - 59y'_{n-1} + 37y'_{n-2} - 9y'_{n-3})$

$\bar{y}'_{n+1} = f(x_{n+1}, \bar{y}_{n+1})$　　　　　　　(24)

校正　$y_{n+1} = y_n + \dfrac{h}{24}(9\bar{y}'_{n+1} + 19y'_n - 5y'_{n-1} + y'_{n-2})$

$y'_{n+1} = f(x_{n+1}, y_{n+1})$

这种**四阶 Adams 预报校正系统**是个四步法,它在计算 y_{n+1} 时不但要用到前一步的信息 y_n, y'_n,而且要用到更前面三步的信息 $y'_{n-1}, y'_{n-2}, y'_{n-3}$,因此它不能自行启动。在实际计算时,需要借助于某种单步法,譬如四阶经典的 Runge-Kutta 格式(19)为其提供开始值 y_1, y_2, y_3。

例 5　用四阶 Adams 预报校正系统(24)求解初值问题(4)。

解　取步长 $h = 0.1$,用四阶 Runge-Kutta 格式(19)提供开始值,然后套用四阶 Adams 系统(24)逐步计算。计算结果见表 3.5。表中 $\bar{y}_n$ 和 y_n 分别为预报值与校正值,同时列出了准确值 $y(x_n)$ 以显示计算结果的精度。

表 3.5

x_n	$\bar{y}_n$	y_n	$y(x_n)$
0.0		1.000 0	1.000 0
0.1		1.059 4	1.059 4
0.2		1.183 2	1.183 2
0.3		1.264 9	1.264 9
0.4	1.341 5	1.341 6	1.341 6
0.5	1.414 1	1.414 2	1.414 2
0.6	1.483 2	1.483 2	1.483 2
0.7	1.549 1	1.549 2	1.549 2
0.8	1.612 4	1.612 4	1.612 5
0.9	1.673 3	1.673 3	1.673 3
1.0	1.732 0	1.732 0	1.732 1

仿照二阶 Adams 格式的处理方法估计系统(24)中预报值 p_{n+1} 与校正值 c_{n+1} 的误差。为此,考察如下形式的 5 阶格式:

$$y_{n+1} = (1 - \omega)p_{n+1} + \omega c_{n+1}$$

不难定出

$$\omega = \frac{251}{270}$$

从而有误差估计式

$$y_{n+1} - p_{n+1} = -\frac{251}{270}(p_{n+1} - c_{n+1})$$

$$y_{n+1} - c_{n+1} = \frac{19}{270}(p_{n+1} - c_{n+1}) \tag{25}$$

利用这一误差估计式改进四阶 Adams 预报校正系统(24),即可导出下列**改进的四阶 Adams 预报校正系统:**

预报 $\quad p_{n+1} = y_n + \frac{h}{24}(55y'_n - 59y'_{n-1} + 37y'_{n-2} - 9y'_{n-3})$

改进 $\quad m_{n+1} = p_{n+1} - \frac{251}{270}(p_n - c_n)$

$\qquad m'_{n+1} = f(x_{n+1}, m_{n+1})$

校正 $\quad c_{n+1} = y_n + \frac{h}{24}(9m'_{n+1} + 19y'_n - 5y'_{n-1} + y'_{n-2})$

改进 $\quad y_{n+1} = c_{n+1} + \frac{19}{270}(p_{n+1} - c_{n+1})$

$\qquad y'_{n+1} = f(x_{n+1}, y_{n+1})$

3.4 收敛性与稳定性

1. 收敛性问题

前面已看到,差分方法的设计思想是,通过离散化手续,将微分方程化归为差分方程(代数方程)来求解。这种转化是否合适,还要看差分方程的解 y_n 当 $h \to 0$ 时是否收敛到微分方程的准确解 $y(x_n)$。

定义 2 对于任意给定的 $x_n = x_0 + nh$,如果数值解 y_n 当 $h \to 0$(同时 $n \to \infty$)时趋向于准确解 $y(x_n)$,则称该差分方法是**收敛**的。

收敛性问题比较复杂。为解释收敛性的含义,这里仅考察下列模型问题:

$$\begin{cases} y' = \lambda y, & \lambda < 0 \\ y(0) = y_0 \end{cases} \tag{26}$$

这个问题的准确解为

$$y = y_0 e^{\lambda x}$$

先考察 Euler 格式的收敛性。问题(26)的 Euler 格式具有如下形式:

$$y_{n+1} = (1 + h\lambda)y_n \tag{27}$$

从而数值解

$$y_n = (1 + h\lambda)^n y_0$$

$$= y_0 \left[(1+h\lambda)^{\frac{1}{h\lambda}} \right]^{nh\lambda}$$

$$= y_0 \left[(1+h\lambda)^{\frac{1}{h\lambda}} \right]^{\lambda x_n}.$$

因之当 $h \to 0$ 时

$$y_n \to y_0 e^{\lambda x_n} = y(x_n)$$

可见问题(26)的 Euler 格式是收敛的。

再考察隐式 Euler 格式。问题(26)的隐式 Euler 格式为

$$y_{n+1} = y_n + h\lambda y_{n+1} \tag{28}$$

这时有

$$y_{n+1} = \frac{1}{1-h\lambda} y_n \tag{29}$$

从而数值解

$$y_n = y_0 \left(\frac{1}{1-h\lambda} \right)^n$$

$$= y_0 \left[\left(1 + \frac{h\lambda}{1-h\lambda} \right)^{\frac{1-h\lambda}{h\lambda}} \right]^{\frac{nh\lambda}{1-h\lambda}}$$

这时当 $h \to 0$ 时仍然有 $y_n \to y(x_n)$，因而问题(26)的隐式 Euler 格式同样是收敛的。

2. 稳定性问题

前面关于收敛性的讨论有个前提，必须假定差分方法的每一步计算都是准确的。实际情形并不是这样，差分方程的求解还会有计算误差，譬如由于数字舍入而引起的扰动。这类扰动在传播过程中会不会恶性增长，以至于"淹没"了差分方程的"真解"呢？这就是差分方法的稳定性问题。

在实际计算时，人们希望某一步产生的扰动值在后面的计算中能够被抑制，甚至是逐步衰减的。具体地说：

定义 3　如果一种差分方法在节点值 y_n 上大小为 δ 的扰动，导致以后各节点值 $y_m(m>n)$ 上产生的偏差均不超过 δ，则称该方法是**稳定**的。

再针对问题(26)考察 Euler 格式的稳定性。设在节点值 y_n 上有一扰动值 ε_n，它的传播使节点值 y_{n+1} 上产生大小为 ε_{n+1} 的扰动值，假设 Euler 格式(27)的计算过程不再引进新的误差，则扰动值满足

$$\varepsilon_{n+1} = (1+h\lambda)\varepsilon_n$$

可见扰动值满足原来的差分方程(27)。这样，如果原差分方程的解是不增长的，即有

$$|y_{n+1}| \leqslant |y_n|$$

这时就能保证 Euler 格式的稳定性。

显然,为了保证差分方程(27)的解不增长,必须选取 h 充分小,使

$$|1+h\lambda| \leqslant 1$$

这表明 Euler 格式是**条件稳定**的。上述稳定性条件亦可表示为

$$h \leqslant -\frac{2}{\lambda}$$

再考察隐式 Euler 格式(28),由于 $\lambda < 0$,这时

$$\left|\frac{1}{1-h\lambda}\right| \leqslant 1$$

恒成立,从而总有 $|y_{n+1}| \leqslant |y_n|$,这说明隐式 Euler 格式是**恒稳定(无条件稳定)**的。

3.5 方程组与高阶方程的情形

1. 一阶方程组

前面研究了单个方程 $y' = f$ 的差分方法,只要把 y 和 f 理解为向量,所提供的各种算法即可推广应用到一阶方程组的情形。

譬如,对于方程组

$$\begin{cases} y' = f(x, y, z), & y(x_0) = y_0 \\ z' = g(x, y, z), & z(x_0) = z_0 \end{cases}$$

令 $x_n = x_0 + nh, n = 1, 2, \cdots$,以 y_n, z_n 表示节点 x_n 上的近似解,则其改进的 Euler 格式具有如下形式:

预报 $\quad \bar{y}_{n+1} = y_n + hf(x_n, y_n, z_n)$

$$\bar{z}_{n+1} = z_n + hg(x_n, y_n, z_n)$$

校正 $\quad y_{n+1} = y_n + \dfrac{h}{2}[f(x_n, y_n, z_n) + f(x_{n+1}, \bar{y}_{n+1}, \bar{z}_{n+1})]$

$$z_{n+1} = z_n + \frac{h}{2}[g(x_n, y_n, z_n) + g(x_{n+1}, \bar{y}_{n+1}, \bar{z}_{n+1})]$$

而其四阶 Runge-Kutta 格式(经典格式)则为

$$\begin{cases} y_{n+1} = y_n + \dfrac{h}{6}(K_1 + 2K_2 + 2K_3 + K_4) \\ z_{n+1} = z_n + \dfrac{h}{6}(L_1 + 2L_2 + 2L_3 + L_4) \end{cases} \tag{30}$$

式中

$$K_1 = f(x_n, y_n, z_n)$$

$$L_1 = g(x_n, y_n, z_n)$$

$$K_2 = f\left(x_{n+\frac{1}{2}}, y_n + \frac{h}{2}K_1, z_n + \frac{h}{2}L_1\right)$$

$$L_2 = g\left(x_{n+\frac{1}{2}}, y_n + \frac{h}{2}K_1, z_n + \frac{h}{2}L_1\right)$$

$$K_3 = f\left(x_{n+\frac{1}{2}}, y_n + \frac{h}{2}K_2, z_n + \frac{h}{2}L_2\right) \tag{31}$$

$$L_3 = g\left(x_{n+\frac{1}{2}}, y_n + \frac{h}{2}K_2, z_n + \frac{h}{2}L_2\right)$$

$$K_4 = f(x_{n+1}, y_n + hK_3, z_n + hL_3)$$

$$L_4 = g(x_{n+1}, y_n + hK_3, z_n + hL_3)$$

这里四阶 Runge-Kutta 方法依然是一步法,利用节点值 y_n, z_n,按式(31)顺序计算 $K_1, L_1, K_2, L_2, K_3, L_3, K_4, L_4$,然后代入式(30)即可求得节点值 y_{n+1}, z_{n+1}。

2. 化高阶方程为一阶方程组

关于高阶微分方程(或方程组)的初值问题,原则上总可以归结为一阶方程组来求解。譬如,对于下列二阶方程的初值问题:

$$\begin{cases} y'' = f(x, y, y') \\ y(x_0) = y_0, \quad y'(x_0) = y_0' \end{cases}$$

若引进新的变量 $z = y'$ 即可化归为一阶方程组的初值问题:

$$\begin{cases} y' = z, \quad y(x_0) = y_0 \\ z' = f(x, y, z), \quad z(x_0) = y_0' \end{cases}$$

针对这个问题应用 4 阶 Runge-Kutta 格式(30),有

$$\begin{cases} y_{n+1} = y_n + \dfrac{h}{6}(K_1 + 2K_2 + 2K_3 + K_4) \\ z_{n+1} = z_n + \dfrac{h}{6}(L_1 + 2L_2 + 2L_3 + L_4) \end{cases}$$

按式(31),有

$$K_1 = z_n, \qquad\qquad L_1 = f(x_n, y_n, z_n)$$

$$K_2 = z_n + \frac{h}{2}L_1, \quad L_2 = f\left(x_{n+\frac{1}{2}}, y_n + \frac{h}{2}K_1, z_n + \frac{h}{2}L_1\right)$$

$$K_3 = z_n + \frac{h}{2}L_2, \quad L_3 = f\left(x_{n+\frac{1}{2}}, y_n + \frac{h}{2}K_2, z_n + \frac{h}{2}L_2\right)$$

$$K_4 = z_n + hL_3, \quad L_4 = f(x_{n+1}, y_n + hK_3, z_n + hL_3)$$

消去 K_1, K_2, K_3, K_4,上述格式简化为

$$\begin{cases} y_{n+1} = y_n + hz_n + \dfrac{h^2}{6}(L_1 + L_2 + L_3) \\ z_{n+1} = z_n + \dfrac{h}{6}(L_1 + 2L_2 + 2L_3 + L_4) \end{cases}$$

式中

$$L_1 = f(x_n, y_n, z_n)$$

$$L_2 = f\left(x_{n+\frac{1}{2}}, y_n + \frac{h}{2}z_n, z_n + \frac{h}{2}L_1\right)$$

$$L_3 = f\left(x_{n+\frac{1}{2}}, y_n + \frac{h}{2}z_n + \frac{h^2}{4}L_1, z_n + \frac{h}{2}L_2\right)$$

$$L_4 = f\left(x_{n+1}, y_n + hz_n + \frac{h^2}{2}L_2, z_n + hL_3\right)$$

3.6 边值问题

在具体求解微分方程时,必须附加某种定解条件。微分方程和定解条件一起组成**定解问题**。对高阶常微分方程,定解条件通常有两种给法:一种是给出积分曲线在初始时刻的性态,这类条件称为**初始条件**,相应的定解问题就是前面已讨论过的初值问题;另一种是给出了积分曲线首末两端的性态,这类定解条件称**边界条件**,相应的定解问题称为**边值问题**。

譬如,考察下列二阶线性方程的边值问题:

$$\begin{cases} y'' + p(x)y' + q(x)y = r(x), & a < x < b \\ y(a) = \alpha, \quad y(b) = \beta \end{cases} \tag{32}$$

为了应用差分法,关键在于恰当地选取差商逼近微分方程中的导数项,令

$$y'(x) \approx \frac{y(x+h) - y(x-h)}{2h}$$

$$y''(x) \approx \frac{y(x+h) - 2y(x) + y(x-h)}{h^2}$$

设将求解区间 $[a, b]$ 划分为 N 等份,步长 $h = \dfrac{b-a}{N}$,节点 $x_n = x_0 + nh, n = 0, 1, \cdots, N$,用差商替代相应的导数,可将边值问题(32)离散化,导出下列差分方程组:

$$\begin{cases} \dfrac{y_{n+1} - 2y_n + y_{n-1}}{h^2} + p_n \dfrac{y_{n+1} - y_{n-1}}{2h} + q_n y_n = r_n, & n = 1, 2, \cdots, N-1 \\ y_0 = \alpha, \quad y_N = \beta \end{cases} \tag{33}$$

式中 p_n, q_n, r_n 的下标 n 表示在节点 x_n 处取值。从上面式子中消去已知的 y_0 和 y_N,可整理得到关于 y_n 的下列方程组:

$$\begin{cases} (-2+h^2 q_1)y_1 + \left(1+\dfrac{h}{2}p_1\right)y_2 = h^2 r_1 - \left(1-\dfrac{h}{2}p_1\right)\alpha \\ \left(1-\dfrac{h}{2}p_n\right)y_{n-1} + (-2+h^2 q_n)y_n + \left(1+\dfrac{h}{2}p_n\right)y_{n+1} = h^2 r_n, \quad n=2,3,\cdots,N-2 \\ \left(1-\dfrac{h}{2}p_{N-1}\right)y_{N-2} + (-2+h^2 q_{N-1})y_{N-1} = h^2 r_{N-1} - \left(1+\dfrac{h}{2}p_{N-1}\right)\beta \end{cases}$$

$$(34)$$

这样归结出的方程组是三对角型的,求解这类方程组可用追赶法(参看第 6 章 6.1 节)。

本 章 小 结

微分方程是个连续的计算模型,它要求给出函数形式的解 $y(x)$,并且方程中含有极限化的导数项 $y'(x)$,因此用计算机处理这类问题时必须将计算模型离散化。

为此,首先将解 $y(x)$ 表达为数据表 $(x_n,y_n),n=0,1,2,\cdots$ 的形式,从而将分析问题化归为决定参数值 y_n 的代数问题。问题在于所归结出的代数问题的规模往往很大。对于常微分方程的初值问题,可以采取"逐步推进"的求解方式顺序计算 $y_0 \to y_1 \to y_2 \cdots \to y_n \to \cdots$。这样,每一计算步只要求出一个近似值 y_{n+1},就能大大地缩减计算模型的规模。

如何利用"老值" $y_n,y_{n-1},\cdots$ 进一步生成"新值" y_{n+1} 呢?这就需要设计差分格式。可以看到,差分格式的设计类同于上一章的机械求积公式,即先基于微分中值定理将差分格式表达为某种平均化形式,然后依据代数精度列出关于权系数的代数方程。差分格式的设计同样是 Descartes 万能法则的运用。

值得注意的是,差分格式的设计过程同样渗透了算法设计的基本技术——缩减技术(如逐步推进的计算方式)、校正技术(如实用的预报校正系统)与松弛技术(如误差的事后估计)等。

习　　题

1. 用 Euler 方法求解初值问题 $y'=ax+b,y(0)=0$:

(1) 试导出近似解 y_n 的显式表达式;

(2) 证明整体截断误差为

$$y(x_n) - y_n = \frac{1}{2}anh^2$$

2. 证明隐式欧拉格式(5)是一阶方法。

3. 证明改进的 Euler 方法能准确地求解初值问题 $y' = ax + b, y(0) = 0$。

4. 证明对于任意参数 t,下列格式都是二阶的:

$$\begin{cases} y_{n+1} = y_n + \dfrac{h}{2}(K_2 + K_3) \\ K_1 = f(x_n, y_n) \\ K_2 = f(x_n + th, y_n + thK_1) \\ K_3 = f(x_n + (1-t)h, y_n + (1-t)hK_2) \end{cases}$$

5. 选取参数 p, q,使下列差分格式具有二阶精度:

$$\begin{cases} y_{n+1} = y_n + hK_1 \\ K_1 = f(x_n + ph, y_n + qhK_1) \end{cases}$$

6. 用梯形方法求解初值问题 $y' = 8 - 3y(1 \leqslant x \leqslant 2), y(1) = 2$。取 $h = 0.2$ 计算,要求小数点后保留 5 位数字。

7. 用改进的 Euler 方法求解上述题 3,并比较计算结果。

第 4 章 方程求根的迭代法

引论 0.3 节介绍过设计迭代法的校正技术。迭代法是一类逐次逼近法,这类方法基于某个固定的计算公式——迭代公式 $x_{k+1}=\varphi(x_k)$,从给定初值 x_0 出发得出一系列近似值 $x_1,x_2,\cdots,x_k,\cdots$,直到满足精度要求为止。迭代法的演化过程可表示为如图 4.1 所示的离散动力系统。

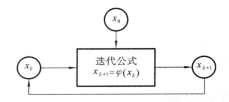

图 4.1 迭代法的演化过程

为剖析迭代法的设计原理,再深入探讨引论 0.3 节介绍过的开方法。

4.1 开 方 法

1. 开方公式的建立

开方法是古代数学中一颗璀璨的明珠。无论是古巴比伦数学还是中华传统数学,上古先民早已熟练地掌握求开方值的计算方法。开方算法是迭代法一个生动的范例。

大家知道,对于给定 $a>0$,求开方值 $\sqrt{a}$ 就是要求解二次方程

$$x^2-a=0 \tag{1}$$

为此,可以运用校正技术设计从预报值 x_k 生成校正值 x_{k+1} 的迭代公式,自然希望校正值

$$x_{k+1}=x_k+\Delta x$$

能更好满足所给方程(1),即

$$x_k^2+2x_k\Delta x+(\Delta x)^2\approx a$$

这是个关于校正量 Δx 的近似关系式,如果从中删去二次项 $(\Delta x)^2$,即可化归为一次方程

$$x_k^2+2x_k\Delta x=a \tag{2}$$

解之有

$$\Delta x = \frac{a - x_k^2}{2x_k}$$

从而关于校正值 x_{k+1} 有如下**开方公式**,即**开方法**:

$$x_{k+1} = \frac{1}{2}\left(x_k + \frac{a}{x_k}\right), \quad k = 0, 1, 2, \cdots \qquad (3)$$

上述演绎过程表明,**开方法的设计思想是逐步线性化**,即将二次方程(1)的求解化归为一次方程(2)求解过程的重复。

开方公式(3)规定了预报值 x_k 与校正值 x_{k+1} 之间的一种函数关系 $x_{k+1} = \varphi(x_k)$,这里

$$\varphi(x) = \frac{1}{2}\left(x + \frac{a}{x}\right)$$

称为开方法的**迭代函数**。

2. 开方法的直观解释

对于开方值 $\sqrt{a}$ 的某个预报值 x_k,设 $x_k \approx \sqrt{a}$,则相应地有

$$\frac{a}{x_k} \approx \sqrt{a}$$

且有

$$\frac{a}{x_k} - \sqrt{a} = \frac{\sqrt{a}}{x_k}(\sqrt{a} - x_k) \approx \sqrt{a} - x_k$$

可见,这时实际上获得了相伴随的一组预报值 x_k 与 $\frac{a}{x_k}$,它们位于 $\sqrt{a}$ 的左、右两侧,并且与 $\sqrt{a}$ 的间距大致相等,由此得知,$\sqrt{a}$ 差不多是它们两者的算术平均:

$$\sqrt{a} \approx \frac{1}{2}\left(x_k + \frac{a}{x_k}\right)$$

因此,直观上看开方公式(3)的结构是合理的。

3. 开方法的收敛性

开方公式的合理性决定了开方过程的收敛性,即迭代误差 $e_k = |x_k - \sqrt{a}|$ 当 $k \to \infty$ 时趋于 0。

现在证明这一事实。按开方公式(3)有

$$x_{k+1} - \sqrt{a} = \frac{1}{2x_k}(x_k - \sqrt{a})^2$$

同理有

$$x_{k+1}+\sqrt{a}=\frac{1}{2x_k}(x_k+\sqrt{a})^2$$

两式相除,有递推公式

$$\frac{x_{k+1}-\sqrt{a}}{x_{k+1}+\sqrt{a}}=\left(\frac{x_k-\sqrt{a}}{x_k+\sqrt{a}}\right)^2$$

反复递推得

$$\frac{x_k-\sqrt{a}}{x_k+\sqrt{a}}=\left(\frac{x_0-\sqrt{a}}{x_0+\sqrt{a}}\right)^{2^k}$$

令

$$q=\left|\frac{x_0-\sqrt{a}}{x_0+\sqrt{a}}\right|$$

则有

$$\frac{x_k-\sqrt{a}}{x_k+\sqrt{a}}=q^{2^k}$$

显然,若 $x_0>0$,则有 $0<q<1$,这时有

$$x_k=\frac{1+q^{2^k}}{1-q^{2^k}}\cdot\sqrt{a}\rightarrow\sqrt{a}$$

由此得如下定理。

定理 1　开方法对任意给定初值 $x_0>0$ 均收敛。

开方法的初值可以随意选取(关于初值 $x_0>0$ 的要求是不言而喻的),并且收敛速度很快,如此优秀的迭代算法是十分罕见的。开方法是高效算法的一个生动的范例。

方程求根的一种普适性的方法是即将介绍的 Newton 法。将会看到,开方法是 Newton 法的一个特例。

4.2　Newton 法

1.　Newton 公式的导出

考察一般形式的函数方程 $f(x)=0$。设已知它的一个近似根 x_k,令函数 $f(x)$ 在点 x_k 邻近用一阶 Taylor 多项式来近似:

$$f(x)\approx f(x_k)+f'(x_k)(x-x_k)$$

则方程 $f(x)=0$ 可近似地表示为

$$f(x_k) + f'(x_k)\Delta x = 0 \tag{4}$$

据此定出

$$\Delta x = -\frac{f(x_k)}{f'(x_k)}$$

从而关于校正值 $x_{k+1} = x_k + \Delta x$ 有如下计算公式：

$$x_{k+1} = x_k - \frac{f(x_k)}{f'(x_k)} \tag{5}$$

这就是著名的 **Newton 公式**，即 **Newton 法**。

由此可见，**Newton 法**的设计思想依然是，将非线性方程 $f(x) = 0$ 的求根过程逐步线性化，归结为计算一系列线性方程(4)的根。

Newton 公式(5)决定了预报值 x_k 与校正值 x_{k+1} 之间的一种函数关系 $x_{k+1} = \varphi(x_k)$，这里**迭代函数**为

$$\varphi(x) = x - \frac{f(x)}{f'(x)} \tag{6}$$

2. Newton 法的几何解释

Newton 法有明显的几何解释。方程 $f(x) = 0$ 的根 x^* 在几何上解释为曲线 $y = f(x)$ 与 x 轴交点的横坐标。设 x_k 是根 x^* 的某个近似值，对曲线 $y = f(x)$ 上横坐标为 x_k 的点 P_k 引切线，又设该切线与 x 轴的交点的横坐标记为 x_{k+1}（见图 4.2），则这样获得的 x_{k+1} 即为按 Newton 公式(5)求得的近似根。由于这种几何背景，所以 Newton 法亦称**切线法**。

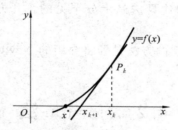

图 4.2　Newton 法的几何背景

例 1　用 Newton 法解方程 $xe^x - 1 = 0$。

解　这里 Newton 公式为

$$x_{k+1} = x_k - \frac{x_k - e^{-x_k}}{1 + x_k}$$

取 $x_0 = 0.5$，迭代结果如下：

$$x_1 = 0.571\,02, \quad x_2 = 0.567\,16$$

$$x_3 = 0.567\ 14, \quad x_4 = 0.567\ 14$$

这里迭代 3 次得到了精度为 10^{-5} 的结果,可见 Newton 法收敛得很快。

3. Newton 法应用举例

前述开方法与求倒数值的迭代法(参看引论 0.4 节)是 Newton 法具体应用的两个范例。

众所周知,求开方值 $\sqrt{a}$ 就是要求解方程
$$f(x) = x^2 - a = 0$$
这时 $f'(x) = 2x$,其 Newton 法的迭代函数为
$$\varphi(x) = x - \frac{f(x)}{f'(x)} = \frac{1}{2}\left(x + \frac{a}{x}\right)$$
因而相应的 Newton 公式 $x_{k+1} = \varphi(x_k)$ 就是开方公式(3)。

此外,求倒数 $\frac{1}{a}$ 就是要求解方程
$$f(x) = \frac{1}{x} - a = 0$$
这里 $f'(x) = -\frac{1}{x^2}$,其 Newton 法的迭代函数为
$$\varphi(x) = x - \frac{f(x)}{f'(x)} = 2x - ax^2$$
因而相应的 Newton 公式就是引论中的式(16):
$$x_{k+1} = 2x_k - ax_k^2, \quad k = 0, 1, 2, \cdots$$
Newton 法有广泛的应用。为了更为有效地应用 Newton 法,需要进一步分析其收敛性并检验其收敛速度。

4.3　压缩映象原理

对于一般方程 $f(x) = 0$,为要使用迭代法,先将它改写成"形显实隐"的形式
$$x = \varphi(x)$$
式中 $\varphi(x)$ 为**迭代函数**,如果据此建立的**迭代过程**
$$x_{k+1} = \varphi(x_k), \quad k = 0, 1, 2, \cdots$$
收敛,则其极限值 $x^* = \lim_{k \to \infty} x_k$ 显然就是所给方程 $f(x) = 0$ 的根。

问题在于,迭代函数 $\varphi(x)$ 该怎样设计才能保证迭代过程 $x_{k+1} = \varphi(x_k)$ 的收敛性呢?

1. 线性迭代函数的启示

为使迭代法有效,必须保证它的收敛性。一个发散(即不收敛)的迭代过程,纵使进行千万步迭代,其结果也是毫无意义的。

这里先考察迭代函数 $\varphi(x)$ 为线性函数的简单情形,以获得某种直观的启示。

设 $\varphi(x)$ 是如下形式的线性函数:

$$\varphi(x) = Lx + d, \quad L > 0$$

这时所给方程 $x = \varphi(x)$ 形如

$$x = Lx + d$$

而迭代公式 $x_{k+1} = \varphi(x_k)$ 则具有如下形式:

$$x_{k+1} = Lx_k + d, \quad k = 0, 1, 2, \cdots$$

将上面两个式子相减知

$$x^* - x_{k+1} = L(x^* - x_k)$$

式中 x^* 是所给方程的精确根。由此可见,对迭代误差 $e_k = |x^* - x_k|$,有

$$e_{k+1} = Le_k \tag{7}$$

据此反复递推,有

$$e_k = L^k e_0$$

据此得知,在线性迭代函数的情形中,为要保证迭代过程收敛,即 $e_k \to 0$,按式(7)只要保证迭代误差 e_k 具有一致的压缩性,即满足条件

$$L < 1$$

2. 大范围的收敛性

仿此考察一般情形。设用迭代公式 $x_{k+1} = \varphi(x_k)$ 求方程 $x = \varphi(x)$ 在区间 $[a, b]$ 上的一个根 x^*,依微分中值定理有

$$x^* - x_{k+1} = \varphi(x^*) - \varphi(x_k) = \varphi'(\xi)(x^* - x_k)$$

式中 ξ 是 x^* 与 x_k 之间的某一点。由此得知,如果存在数 $0 \leqslant L < 1$,使得对于任意 $x \in [a, b]$,一致地满足条件

$$|\varphi'(x)| \leqslant L$$

则有

$$|x^* - x_{k+1}| \leqslant L|x^* - x_k| \tag{8}$$

据此反复递推,对迭代误差 $e_k = |x^* - x_k|$,有

$$e_k \leqslant L^k e_0$$

由于 $0 \leqslant L < 1$,因而 $e_k \to 0 (k \to \infty)$,这时迭代收敛。

需要指出的是,在上述论证过程中,应当保证一切迭代值 x_k 全落在区间 $[a,b]$ 上,为此要求对任意 $x \in [a,b]$,总有

$$\varphi(x) \in [a,b]$$

综上所述,可得到下列**压缩映象原理**:

定理 2　设 $\varphi(x)$ 在 $[a,b]$ 上具有连续的一阶导数,且满足下列两项条件:

1. 封闭性条件

对于任意 $x \in [a,b]$,总有 $\varphi(x) \in [a,b]$。

2. 压缩性条件

存在定数 $L: 0 \leqslant L < 1$,使得对于任意 $x \in [a,b]$ 均满足条件

$$|\varphi'(x)| \leqslant L \tag{9}$$

则迭代过程 $x_{k+1} = \varphi(x_k)$ 对任意初值 $x_0 \in [a,b]$ 均收敛于方程 $x = \varphi(x)$ 的根 x^*,且有下列误差估计式:

$$|x^* - x_k| \leqslant \frac{1}{1-L} |x_{k+1} - x_k| \tag{10}$$

$$|x^* - x_k| \leqslant \frac{L^k}{1-L} |x_1 - x_0| \tag{11}$$

证　容易证明,当定理的条件满足时,方程 $x = \varphi(x)$ 在 $[a,b]$ 上有且仅有一根 x^*。进一步证明上面的误差估计式。据式(8)有

$$|x_{k+1} - x_k| \geqslant |x^* - x_k| - |x^* - x_{k+1}| \geqslant |x^* - x_k| - L|x^* - x_k|$$

从而有

$$|x^* - x_k| \leqslant \frac{1}{1-L} |x_{k+1} - x_k|$$

式(10)得证。又利用压缩性条件式(9),有

$$|x_{k+1} - x_k| = |\varphi(x_k) - \varphi(x_{k-1})| \leqslant L|x_k - x_{k-1}|$$

反复利用这一关系式,由式(10)即可导出式(11)。定理 2 成立。

按估计式(10),只要相邻两次迭代值 x_k, x_{k+1} 的偏差足够小,就能保证迭代值 x_{k+1} 足够准确,因此可以用偏差 $|x_{k+1} - x_k|$ 来控制迭代过程是否应结束。

图 4.2 所示的 Newton 法正是用偏差来控制迭代过程是否应终结的。

3. 局部收敛性

上述定理 2 要求迭代函数 $\varphi(x)$ 在某个区间 $[a,b]$ 上一致地满足压缩性条件 (9),这项要求很苛刻,实际应用时很难满足。下面退一步考察迭代过程的局部收敛性。

定义 1　称一种迭代过程在根 x^* **邻近收敛**,如果存在邻域 $\Delta: |x - x^*| \leqslant \delta$,使迭代过程对于任意初值 $x_0 \in \Delta$ 均收敛。

这种在根的邻近所具有的收敛性称作**局部收敛性**。局部收敛性要求所选取的初值 x_0 足够准确。

定理 3 设 $\varphi(x)$ 在 $x=\varphi(x)$ 的根 x^* 邻近有连续的一阶导数,且满足

$$|\varphi'(x^*)|<1$$

则迭代过程 $x_{k+1}=\varphi(x_k)$ 在 x^* 邻近具有局部收敛性。

证 由于 $|\varphi'(x^*)|<1$,存在充分小邻域 $\Delta:|x-x^*|\leqslant\delta$,使

$$|\varphi'(x)|\leqslant L<1$$

这里 L 为某个定数。又易知当 $x\in\Delta$ 时 $\varphi(x)\in\Delta$,故由定理 2 可以断定 $x_{k+1}=\varphi(x_k)$ 对于任意 $x_0\in\Delta$ 均收敛。定理 3 得证。

例 2 用迭代法求方程 $x=\mathrm{e}^{-x}$ 在 $x_0=0.5$ 附近的一个根 x^*,要求精度为 10^{-5}。

解 这里迭代函数

$$\varphi(x)=\mathrm{e}^{-x}, \quad \varphi'(x)=-\mathrm{e}^{-x}$$

在 $x_0=0.5$ 附近有

$$\varphi'(x^*)\approx\varphi'(x_0)=-\mathrm{e}^{-0.5}\approx-0.6$$

因而据定理 3 知,迭代过程 $x_{k+1}=\mathrm{e}^{-x_k}$ 具有局部收敛性。

事实上,取初值 $x_0=0.5$,按这一迭代公式迭代 18 次即得到满足精度要求的根 0.567 141(见表 4.1)。所求根的准确值为 0.567 143。

表 4.1

k	x_k	k	x_k
0	0.500 000	10	0.566 907
1	0.606 531	11	0.567 277
2	0.545 239	12	0.567 067
3	0.579 703	13	0.567 186
4	0.560 065	14	0.567 119
5	0.571 172	15	0.567 157
6	0.564 863	16	0.567 135
7	0.568 438	17	0.567 148
8	0.566 409	18	0.567 141
9	0.567 560		

4. 迭代过程的收敛速度

一种迭代法要具有实用价值,不但需要肯定它是收敛的,还要求它收敛得比

较快。所谓迭代过程的**收敛速度**,是指在接近收敛时迭代误差的下降速度。

定义 2　如果迭代误差 $e_k = x^* - x_k$ 当 $k \to \infty$ 时有

$$\frac{e_{k+1}}{e_k^p} \to c \quad (c \neq 0 \text{ 常数})$$

则称迭代过程是 p **阶收敛**的。特别地,$p = 1$ 时迭代过程称为**线性收敛**,$p = 2$ 时迭代过程称为**平方收敛**。

对于在根 x^* 邻近收敛的迭代公式 $x_{k+1} = \varphi(x_k)$,由于

$$x^* - x_{k+1} = \varphi'(\xi)(x^* - x_k), \quad k \to \infty$$

式中 ξ 介于 x_k 与 x^* 之间,故有

$$\frac{e_{k+1}}{e_k} \to \varphi'(x^*), \quad k \to \infty$$

这样,若 $\varphi'(x^*) \neq 0$,则该迭代过程仅为线性收敛。若 $\varphi'(x^*) = 0$,将 $\varphi(x_k)$ 在 x^* 处进行 Taylor 展开有

$$\varphi(x_k) = \varphi(x^*) + \frac{\varphi''(\xi)}{2}(x_k - x^*)^2$$

注意到

$$\varphi(x_k) = x_{k+1}, \quad \varphi(x^*) = x^*$$

由上式知

$$\frac{e_{k+1}}{e_k^2} \to \frac{\varphi''(x^*)}{2}, \quad k \to \infty$$

这表明当 $\varphi'(x^*) = 0, \varphi''(x^*) \neq 0$ 时迭代过程为平方收敛。因而有下述论断:

定理 4　设 $\varphi(x)$ 在 $x = \varphi(x)$ 的根 x^* 的邻近有连续的二阶导数,且

$$|\varphi'(x^*)| < 1$$

则当 $\varphi'(x^*) \neq 0$ 时迭代过程 $x_{k+1} = \varphi(x_k)$ 为线性收敛;而当 $\varphi'(x^*) = 0, \varphi''(x^*) \neq 0$ 时迭代过程 $x_{k+1} = \varphi(x_k)$ 为平方收敛。

据定理 4 考察 Newton 法(式(5))的收敛速度。利用式(6)求导知

$$\varphi'(x) = \frac{f(x)f''(x)}{[f'(x)]^2}$$

假定 x^* 是方程 $f(x) = 0$ 的单根,即 $f(x^*) = 0, f'(x^*) \neq 0$,则由上式知 $\varphi'(x^*) = 0$,因而据定理 4 可以断定:

定理 5　Newton 法(式(5))在 $f(x) = 0$ 的单根 x^* 邻近为平方收敛。

再考察前述例 1 与例 2。注意到方程 $xe^x = 1$ 实际上是方程 $x = e^{-x}$ 的变形,比较例 1 与例 2 的计算结果可以明显地看出 Newton 法的收敛速度很快。

本章考察了 Newton 法的收敛性。**Newton 法是方程求根的核心算法**,它逻辑结构简单,并且收敛速度很快。不过,**Newton 法也存在缺陷与不足**:它仅有局部收敛性,如果初值选取不当,**Newton 法可能失效**;此外,**Newton 法的每一步要**

求计算导数值 $f'(x_k)$,如果函数 $f(x)$ 比较复杂,提供导数值往往是困难的。因此,Newton 法有必要进一步加以完善。

4.4 Newton 法的改进与变形

1. Newton 下山法

一般地说,Newton 法的收敛性依赖于初值 x_0 的选取,如果 x_0 偏离 x^* 较远,则 Newton 法可能发散。

例 3 用 Newton 法求方程 $x^3 - x - 1 = 0$ 在 $x = 1.5$ 附近的一个根。

解 取迭代初值 $x_0 = 1.5$,用 Newton 公式(5)得

$$x_{k+1} = x_k - \frac{x_k^3 - x_k - 1}{3x_k^2 - 1} \tag{12}$$

计算结果如下:

$$x_1 = 1.347\ 83, \quad x_2 = 1.325\ 20, \quad x_3 = 1.324\ 72$$

其中,x_3 的每一位数字都是有效数字。

但是,如果改用 $x_0 = 0.6$ 作为初值,则按式(12)迭代一次得 $x_1 = 17.9$,这个结果反而比 x_0 更偏离了所求的根 x^*。

为了防止迭代发散,通常对迭代过程再附加一项要求,即保证函数值单调下降:

$$|f(x_{k+1})| < |f(x_k)| \tag{13}$$

满足这项要求的算法称为**下山法**。

将 Newton 法与下山法结合起来使用,即在下山法保证函数值稳定下降的前提下,用 Newton 法加快收敛速度。为此,将 Newton 法的计算结果

$$\overline{x}_{k+1} = x_k - \frac{f(x_k)}{f'(x_k)}$$

与前一步的近似值 x_k 适当加权平均作为新的改进值 x_{k+1},即

$$x_{k+1} = \lambda \overline{x}_{k+1} + (1-\lambda)x_k$$

或者说,采用下列迭代公式:

$$x_{k+1} = x_k - \lambda \frac{f(x_k)}{f'(x_k)} \tag{14}$$

其中,$\lambda(0 < \lambda \leqslant 1)$ 称为**下山因子**。适当选取下山因子 λ,以使单调性条件(13)成立。

下山因子的选择是一个逐步探索的过程,从 $\lambda = 1$ 开始反复将因子 λ 的值减半进行试算,一旦单调性条件(13)成立,则称"下山成功";反之,如果在上述过程中找

不到满足条件(13)的下山因子 λ,则称"下山失败",这时需另选初值 x_0 重算。

再考察例 3,前面已指出,若取 $x_0 = 0.6$,则按 Newton 公式(12)求得的迭代值 $\overline{x}_1 = 17.9$,如果取下山因子 $\lambda = \dfrac{1}{32}$,则由式(14)可求得

$$x_1 = \frac{1}{32}\overline{x}_1 + \frac{31}{32}x_0 = 1.140\ 625$$

这个结果纠正了 $\overline{x}_1$ 的严重偏差。

2. 弦截法

Newton 法的突出优点是收敛速度快,但它还有个明显的缺点:每一步迭代需要提供导数值 $f'(x_k)$。如果函数 $f(x)$ 比较复杂,致使导数的计算困难,那么使用 Newton 公式是不方便的。

为避开导数的计算,可以改用差商 $\dfrac{f(x_k) - f(x_0)}{x_k - x_0}$ 替换 Newton 公式(5)中的导数 $f'(x_k)$,即得到下列离散化形式:

$$x_{k+1} = x_k - \frac{f(x_k)}{f(x_k) - f(x_0)}(x_k - x_0) \tag{15}$$

容易看出,这个公式是根据方程 $f(x) = 0$ 的等价形式

$$x = x - \frac{f(x)}{f(x) - f(x_0)}(x - x_0) \tag{16}$$

建立的迭代公式。

迭代公式(15)的几何解释如图 4.3 所示,记曲线 $y = f(x)$ 上横坐标为 x_k 的点为 P_k,则差商 $\dfrac{f(x_k) - f(x_0)}{x_k - x_0}$ 表示弦线 $\overline{P_0 P_k}$ 的斜率。容易看出,按公式(15)求得的 x_{k+1} 实际上是弦线 $\overline{P_0 P_k}$ 与 x 轴的交点,因此这种方法称作**弦截法**。

考察弦截法的收敛性。直接对迭代函数(见式(16))

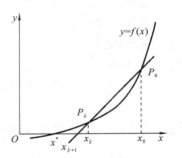

图 4.3　弦截法的几何背景

$$\varphi(x) = x - \frac{f(x)}{f(x) - f(x_0)}(x - x_0)$$

求导得

$$\varphi'(x^*) = 1 + \frac{f'(x^*)}{f(x_0)}(x^* - x_0) = 1 - \frac{f'(x^*)}{\dfrac{f(x^*) - f(x_0)}{x^* - x_0}}$$

当 x_0 充分接近 x^* 时 $0 < |\varphi'(x^*)| < 1$,故由定理 4 知弦截法(15)仅为线性收敛。

3. 快速弦截法

为提高弦截法的收敛速度，再改用差商 $\dfrac{f(x_k)-f(x_{k-1})}{x_k-x_{k-1}}$ 替代 Newton 公式 (5)中的导数 $f'(x_k)$，而导出下列迭代公式：

$$x_{k+1}=x_k-\frac{f(x_k)}{f(x_k)-f(x_{k-1})}(x_k-x_{k-1})$$

这种迭代法称作**快速弦截法**。

快速弦截法虽然提高了收敛速度，但它为此也付出了"沉重"的代价：它在计算 x_{k+1} 时要用到前面两步的信息 x_k,x_{k-1}，即这种迭代法为**两步法**。使用这种迭代法，在计算前必须先提供两个开始值 x_0 与 x_1。

例4 用快速弦截法解方程 $xe^x-1=0$。

解 设取 $x_0=0.5, x_1=0.6$ 作为开始值，用快速弦截法求得的结果如下：

$$x_2=0.567\ 54，\quad x_3=0.567\ 15，\quad x_4=0.567\ 14$$

同例1运用 Newton 法的计算结果相比较可以看出，快速弦截法的收敛速度是令人满意的。

4.5　Aitken 加速算法

现在再直接针对方程 $x=\varphi(x)$ 的迭代公式 $x_{k+1}=\varphi(x_k)$ 提供一种加速算法。

对于收敛的迭代过程，只要迭代足够多次，总可以使迭代结果达到任意精度。但有时迭代过程收敛缓慢，从而使计算量变得很大，因此迭代过程的加速是个重要课题。

设 x_k 是根 x^* 的某个近似值，用迭代公式校正一次得

$$\bar{x}_{k+1}=\varphi(x_k)$$

假设 $\varphi'(x)$ 在所考察的范围内改变不大，其估计值为 L，则有

$$x^*-\bar{x}_{k+1}\approx L(x^*-x_k) \tag{17}$$

由此解出 x^*，即

$$x^*\approx\frac{1}{1-L}\bar{x}_{k+1}-\frac{L}{1-L}x_k$$

这就是说，如果将迭代值 $\bar{x}_{k+1}$ 与 x_k 加权平均，可以期望所得到的

$$x_{k+1}=\frac{1}{1-L}\bar{x}_{k+1}-\frac{L}{1-L}x_k$$

是个比 $\bar{x}_{k+1}$ 更好的近似根。这样加工后的计算过程是：

迭代 $\qquad\qquad\qquad\qquad \bar{x}_{k+1}=\varphi(x_k)$

加速
$$x_{k+1}=\frac{1}{1-L}\overline{x}_{k+1}-\frac{L}{1-L}x_k$$

上述加速方案由于其中含有导数 $\varphi'(x)$ 的有关信息而不便于实际应用。为此将改进值 $\overline{x}_{k+1}=\varphi(x_k)$ 再迭代一次，又得

$$\widetilde{x}_{k+1}=\varphi(\overline{x}_{k+1})$$

由于

$$x^*-\widetilde{x}_{k+1}\approx L(x^*-\overline{x}_{k+1})$$

将它与式(17)联立，消去未知的 L，有

$$\frac{x^*-\overline{x}_{k+1}}{x^*-\widetilde{x}_{k+1}}\approx\frac{x^*-x_k}{x^*-\overline{x}_{k+1}}$$

由此得

$$x^*\approx\widetilde{x}_{k+1}-\frac{(\widetilde{x}_{k+1}-\overline{x}_{k+1})^2}{\widetilde{x}_{k+1}-2\overline{x}_{k+1}+x_k}$$

若以上式右端得出的结果作为新的改进值，则这样造出的加速公式不再含有关于导数的信息，但它需要用两次迭代值 $\overline{x}_{k+1}$ 与 $\widetilde{x}_{k+1}$ 进行加工，其具体计算公式如下：

迭代　　　　　　　$\overline{x}_{k+1}=\varphi(x_k)$

再迭代　　　　　　$\widetilde{x}_{k+1}=\varphi(\overline{x}_{k+1})$

加速　　　　$x_{k+1}=\widetilde{x}_{k+1}-\dfrac{(\widetilde{x}_{k+1}-\overline{x}_{k+1})^2}{\widetilde{x}_{k+1}-2\overline{x}_{k+1}+x_k}$

这种方法称作 **Aitken 加速方法**。

例 5　用 Aitken 加速方法加速迭代过程 $x_{k+1}=\mathrm{e}^{-x_k}$，再求方程 $x=\mathrm{e}^{-x}$ 在 $x=0.5$ 附近的根。

解　这里 Aitken 加速方法的迭代公式是

$$\begin{cases}\overline{x}_{k+1}=\mathrm{e}^{-x_k}\\[4pt]\widetilde{x}_{k+1}=\mathrm{e}^{-\overline{x}_{k+1}}\\[4pt]x_{k+1}=\widetilde{x}_{k+1}-\dfrac{(\widetilde{x}_{k+1}-\overline{x}_{k+1})^2}{\widetilde{x}_{k+1}-2\overline{x}_{k+1}+x_k}\end{cases}$$

取 $x_0=0.5$，计算结果见表 4.2。同例 1 与例 4 相比较可以看出 Aitken 加速方法的加速效果是显著的。

表 4.2

k	$\overline{x}_k$	$\widetilde{x}_k$	x_k
1	0.606 53	0.545 24	0.567 12
2	0.566 87	0.567 30	0.567 14
3	0.567 14	0.567 14	

本 章 小 结

算法设计的理念是将"复杂化归为简单的重复"。方程求根的迭代法突出地表达了这种理念,其设计思想是将隐式的非线性模型逐步地显式化、线性化,从而达到化繁为简的目的。

为保证简单的重复能生成复杂,需要精心设计迭代函数。本书推荐了设计迭代函数的校正技术。校正技术的基础是分析预报值的校正量,通过舍弃高阶小量的"删繁就简"手续,将难以处理的非线性方程加工成容易求解的线性化的校正方程,然后重复这种加工手续,逐步校正所获得的近似根,直到满足精度要求为止。由此可见,校正技术的设计思想是"删繁就简,逐步求精。"

为要达到"逐步求精"的目的,必须保证迭代过程的收敛性。所谓迭代收敛就是要求迭代误差逐步缩减。如果将迭代误差理解为每一步计算的规模,那么在迭代过程中问题的规模是逐步缩减的,可见迭代法亦可理解为缩减技术的运用,迭代过程又是个"大事化小,小事化了"的过程。

为改善迭代法的有效性,要求尽量提高它的收敛速度。关于迭代加速的研究是极其重要的。为此需要运用松弛技术,将每一迭代步骤的新值与老值适当加权平均,以得出更高精度的改进值。Aitken 加速算法表明,这种"优劣互补、化粗为精"的设计策略往往是奏效的。

总而言之,迭代法是运用算法设计基本技术——校正技术、缩减技术与松弛技术的典范。

习　　题

1. 证明迭代过程 $x_{k+1}=\dfrac{x_k}{2}+\dfrac{1}{x_k}$ 对任意初值 $x_0>1$ 均收敛于 $\sqrt{2}$。

2. 给出计算

$$x=\sqrt{2+\sqrt{2+\sqrt{2+\cdots}}}$$

的迭代公式,讨论迭代过程的收敛性并证明 $x=2$。

3. 求方程 $x^3-x^2-1=0$ 在 $x_0=1.5$ 附近的一个根,证明下列两种迭代过程在区间 $[1.3,1.6]$ 上均收敛:

(1) 改写方程为 $x=1+\dfrac{1}{x^2}$,相应的迭代公式为

$$x_{k+1}=1+\frac{1}{x_k^2}$$

（2）改写方程为 $x^3 = 1 + x^2$，相应的迭代公式为

$$x_{k+1} = \sqrt[3]{1 + x_k^2}$$

4. 取 $x_0 = 1.5$，分别用上题中两种迭代法求出具有 4 位有效数字的近似根，并比较二者的收敛速度。

5. 设方程 $x = \Phi(x)$ 在区间 $[a,b]$ 上有根 x^*，若当 $x \in [a,b]$ 时恒有 $|\Phi'(x)| \geqslant 1$，证明迭代过程 $x_{k+1} = \Phi(x_k)$ 对于任意初值 $x_0 \in [a,b]$ 均发散。

6. 应用 Newton 法于方程 $x^3 - a = 0$，导出求立方根 $\sqrt[3]{a}\,(a>0)$ 的迭代公式，并证明该迭代法具有二阶收敛性.

7. 应用 Newton 法于方程 $(x^3 - a)^2 = 0$，导出求立方根 $\sqrt[3]{a}\,(a>0)$ 的迭代公式，证明该迭代法仅为线性收敛.

8. 对于给定 $a \neq 0$，应用 Newton 法于方程 $\dfrac{1}{x} - a = 0$，导出求倒数值 $\dfrac{1}{a}$ 而不使用除法运算的迭代公式.

9. 对于给定 $a > 0$，应用 Newton 法导出求 $\dfrac{1}{\sqrt{a}}$ 而不使用开方运算与除法运算的迭代公式.

第5章 线性方程组的迭代法

5.1 引　言

线性方程组

$$\begin{cases} a_{11}x_1 + a_{12}x_2 + \cdots + a_{1n}x_n = b_1 \\ a_{21}x_1 + a_{22}x_2 + \cdots + a_{2n}x_n = b_2 \\ \qquad\qquad\qquad\qquad\qquad \vdots \\ a_{n1}x_1 + a_{n2}x_2 + \cdots + a_{nn}x_n = b_n \end{cases} \tag{1}$$

是人们熟知的计算模型,它在科学与工程计算中扮演着极其重要的角色。

前面几章研究过的几个课题,无论是插值公式(包括样条插值)与求积公式的建立,还是常微分方程的差分格式的构造,其基本思想都是将其转化为代数问题来处理,特别是归结为解线性方程组。在科学与工程计算中,线性方程组也会经常遇到。因此,线性方程组的解法在数值分析中占有极其重要的地位。

1. 变元的相关性

线性方程组(1)可缩记为

$$\sum_{j=1}^{n} a_{ij}x_j = b_i, \quad i = 1, 2, \cdots, n$$

或借助于矩阵与向量的记号

$$\boldsymbol{A} = \begin{bmatrix} a_{11} & a_{12} & \cdots & a_{1n} \\ a_{21} & a_{22} & \cdots & a_{2n} \\ \vdots & \vdots & & \vdots \\ a_{n1} & a_{n2} & \cdots & a_{nn} \end{bmatrix}$$

$$\boldsymbol{b} = (b_1, b_2, \cdots, b_n)^{\mathrm{T}}, \quad \boldsymbol{x} = (x_1, x_2, \cdots, x_n)^{\mathrm{T}}$$

简洁地表达为

$$\boldsymbol{A}\boldsymbol{x} = \boldsymbol{b}$$

可以看到,线性方程组本质上是一个隐式的计算模型,它的多个变元用系数矩阵 $\boldsymbol{A}$ 相互"捆绑"在一起。

线性方程组求解的症结所在,是它的各个变元相互关联在一起,或者说,方程组中的各个方程是彼此联立的。如何将其中的诸多变元彼此分离开来从而求出它的解呢?

2. 对角方程组的平凡情形

值得注意的是,方程组的解

$$x_i = c_i, \quad i = 1, 2, \cdots, n$$

可以理解为系数矩阵为单位阵的退化情形。按照这种认识,线性方程组的求解,就是要设法将其系数矩阵演变成平凡的单位阵。

线性方程组求解的难易程度取决于其系数矩阵的复杂程度。特别地,如果 A 是一个对角阵,即

$$A = \begin{bmatrix} a_{11} & & & \mathbf{0} \\ & a_{22} & & \\ & & \ddots & \\ \mathbf{0} & & & a_{nn} \end{bmatrix}$$

即线性方程组(1)具有如下形式:

$$a_{ii} x_i = b_i, \quad i = 1, 2, \cdots, n$$

则立即可以得出它的解为

$$x_i = b_i / a_{ii}, \quad i = 1, 2, \cdots, n$$

3. 三角方程组的简单情形

还有一种容易处理的简单情形。如果 A 是个三角阵,譬如其上三角部分全为零元素:

$$A = \begin{bmatrix} a_{11} & & & & \\ a_{21} & a_{22} & & \mathbf{0} & \\ a_{31} & a_{32} & a_{33} & & \\ \vdots & \vdots & \vdots & \ddots & \\ a_{n1} & a_{n2} & a_{n3} & \cdots & a_{nn} \end{bmatrix}$$

对于这种**下三角方程组**

$$\begin{cases} a_{11} x_1 = b_1 \\ a_{21} x_1 + a_{22} x_2 = b_2 \\ \vdots \\ a_{n1} x_1 + a_{n2} x_2 + \cdots + a_{nn} x_n = b_n \end{cases}$$

即

$$\sum_{j=1}^{i} a_{ij}x_j = b_i, \quad i = 1, 2, \cdots, n$$

只要自上而下逐步回代,即可顺序得出它的解

$$x_1 \rightarrow x_2 \rightarrow \cdots \rightarrow x_n$$

这里**回代公式**为

$$\begin{cases} x_1 = b_1/a_{11} \\ x_i = \left(b_i - \sum_{j=1}^{i-1} a_{ij}x_j\right)\Big/a_{ii}, \quad i = 2, 3, \cdots, n \end{cases}$$

由此可见,对于系数矩阵为对角阵或三角阵的特殊情形,线性方程组的求解是容易的。

算法设计的机理是将复杂化归为简单的重复。将会看到,求解线性方程组的迭代法,其实质是将所给方程组逐步对角化或三角化,即将线性方程组的求解过程表达为对角方程组或三角方程组求解过程的重复。

5.2　迭代公式的建立

本节介绍两种基本的迭代法:Jacobi 迭代与 Gauss-Seidel 迭代。

1. Jacobi 迭代

Jacobi 迭代的设计思想是将所给线性方程组逐步地对角化。

首先考察三阶方程组的具体情形:

$$\begin{cases} a_{11}x_1 + a_{12}x_2 + a_{13}x_3 = b_1 \\ a_{21}x_1 + a_{22}x_2 + a_{23}x_3 = b_2 \\ a_{31}x_1 + a_{32}x_2 + a_{33}x_3 = b_3 \end{cases} \tag{2}$$

令其左端仅保留对角部分,而将其余部分移到右端,即改写成如下**伪对角形式**:

$$\begin{cases} a_{11}x_1 = b_1 - a_{12}x_2 - a_{13}x_3 \\ a_{22}x_2 = b_2 - a_{21}x_1 - a_{23}x_3 \\ a_{33}x_3 = b_3 - a_{31}x_1 - a_{32}x_2 \end{cases}$$

依据这一等价形式可设计出迭代法:

$$\begin{cases} a_{11}x_1^{(k+1)} = b_1 - a_{12}x_2^{(k)} - a_{13}x_3^{(k)} \\ a_{22}x_2^{(k+1)} = b_2 - a_{21}x_1^{(k)} - a_{23}x_3^{(k)} \\ a_{33}x_3^{(k+1)} = b_3 - a_{31}x_1^{(k)} - a_{32}x_2^{(k)} \end{cases}$$

它可以理解为关于迭代值$(x_1^{(k+1)}, x_2^{(k+1)}, x_3^{(k+1)})$的对角方程组,其求解公式

$$\begin{cases} x_1^{(k+1)} = (b_1 - a_{12}x_2^{(k)} - a_{13}x_3^{(k)})/a_{11} \\ x_2^{(k+1)} = (b_2 - a_{21}x_1^{(k)} - a_{23}x_3^{(k)})/a_{22} \\ x_3^{(k+1)} = (b_3 - a_{31}x_1^{(k)} - a_{32}x_2^{(k)})/a_{33} \end{cases}$$

称作求解方程组(2)的 **Jacobi 迭代公式**。

进而考察一般形式的方程组(1),令其第 i 个方程的左端仅保留对角元 x_i,而将其余部分移到右端,则可改写成如下伪对角形式:

$$a_{ii}x_i = b_i - \sum_{\substack{j=1 \\ j \neq i}}^{n} a_{ij}x_j, \quad i = 1,2,\cdots,n$$

依据这种对角化的等价形式可建立起迭代法:

$$a_{ii}x_i^{(k+1)} = b_i - \sum_{j \neq i} a_{ij}x_j^{(k)}, \quad i = 1,2,\cdots,n$$

从而有 Jacobi 迭代公式

$$x_i^{(k+1)} = \left(b_i - \sum_{j \neq i} a_{ij}x_j^{(k)}\right)\Big/a_{ii}, \quad i = 1,2,\cdots,n \tag{3}$$

由此可见,求解线性方程组的 Jacobi 迭代法,其设计思想是将线性方程组的求解归结为对角方程组求解过程的重复,这就简化了处理过程。

迭代法由于其计算规则简单而容易编写计算程序。

通常用**迭代偏差** $\max\limits_{1 \leqslant i \leqslant n} |x_i^{(k+1)} - x_i^{(k)}|$ 刻画迭代值的**精度**。为防止迭代过程不收敛,或者收敛速度过于缓慢,可以设置**最大迭代次数** N,如果迭代次数超过 N 但仍不能达到精度要求,则宣告"**迭代失败**"。下面列出 Jacobi 迭代法的计算步骤:

算法 5.1　(Jacobi 迭代)

步骤 1　适当提供迭代初值$\{x_i^{(0)}\}$。

步骤 2　按 Jacobi 公式(3)将老值 $x_i^{(k)}$ 加工成新值 $x_i^{(k+1)}$。

步骤 3　若迭代偏差$\max\limits_{1 \leqslant i \leqslant n} |x_i^{(k+1)} - x_i^{(k)}|$小于指定精度 ε,则输出结果,终止计算;否则执行下一步。

步骤 4　若迭代次数 k 尚未达到最大迭代次数 N,则转步骤 2 继续迭代;否则输出迭代失败标志,终止计算。

例 1　用 Jacobi 迭代法解方程组

$$\begin{cases} 10x_1 - x_2 - 2x_3 = 7.2 \\ -x_1 + 10x_2 - 2x_3 = 8.3 \\ -x_1 - x_2 + 5x_3 = 4.2 \end{cases} \tag{4}$$

解　取迭代初值 $x_1^{(0)} = x_2^{(0)} = x_3^{(0)} = 0$，套用公式

$$
\begin{cases}
x_1^{(k+1)} = 0.72 + 0.1 x_2^{(k)} + 0.2 x_3^{(k)} \\
x_2^{(k+1)} = 0.83 + 0.1 x_1^{(k)} + 0.2 x_3^{(k)} \\
x_3^{(k+1)} = 0.84 + 0.2 x_1^{(k)} + 0.2 x_2^{(k)}
\end{cases}
$$

反复迭代，计算结果见表 5.1。可以看到，当迭代次数 k 增大时，迭代值 $x_1^{(k)}$，$x_2^{(k)}$，$x_3^{(k)}$ 会越来越逼近所求的解 $x_1^* = 1.1, x_2^* = 1.2, x_3^* = 1.3$。

表 5.1

k	$x_1^{(k)}$	$x_2^{(k)}$	$x_3^{(k)}$
0	0.000 00	0.000 00	0.000 00
1	0.720 00	0.083 00	0.840 00
2	0.971 00	1.070 00	1.150 00
3	1.057 00	1.157 10	1.248 20
4	1.085 35	1.185 34	1.282 82
5	1.095 10	1.195 10	1.294 14
6	1.098 34	1.198 34	1.298 04
7	1.099 44	1.199 44	1.299 34
8	1.099 81	1.199 81	1.299 78
9	1.099 94	1.199 94	1.299 92

2.　Gauss-Seidel 迭代

再设法将所给方程组逐步三角化，以设计出新的迭代法。

仍然先考察三阶方程组（2），设其左端仅保留下三角部分，而将其余部分移到右端，则可改写成如下**伪三角形式**：

$$
\begin{cases}
a_{11} x_1 = b_1 - a_{12} x_2 - a_{13} x_3 \\
a_{21} x_1 + a_{22} x_2 = b_2 - a_{23} x_3 \\
a_{31} x_1 + a_{32} x_2 + a_{33} x_3 = b_3
\end{cases}
$$

依据这一等价形式可设计出迭代法：

$$
\begin{cases}
a_{11} x_1^{(k+1)} = b_1 - a_{12} x_2^{(k)} - a_{13} x_3^{(k)} \\
a_{21} x_1^{(k+1)} + a_{22} x_2^{(k+1)} = b_2 - a_{23} x_3^{(k)} \\
a_{31} x_1^{(k+1)} + a_{32} x_2^{(k+1)} + a_{33} x_3^{(k+1)} = b_3
\end{cases}
$$

它可以看作是关于迭代值 $x_1^{(k+1)}, x_2^{(k+1)}, x_3^{(k+1)}$ 的下三角方程组,用回代法求解,其回代公式

$$
\begin{cases}
x_1^{(k+1)} = (b_1 - a_{12}x_2^{(k)} - a_{13}x_3^{(k)})/a_{11} \\
x_2^{(k+1)} = (b_2 - a_{21}x_1^{(k+1)} - a_{23}x_3^{(k)})/a_{22} \\
x_3^{(k+1)} = (b_3 - a_{31}x_1^{(k+1)} - a_{32}x_2^{(k+1)})/a_{33}
\end{cases}
\tag{5}
$$

称作求解方程组(2)的 **Gauss-Seidel 迭代公式**。

与 Jacobi 公式不同,Gauss-Seidel 公式先设定计算顺序 $x_1^{(k+1)} \rightarrow x_2^{(k+1)} \rightarrow x_3^{(k+1)}$,然后充分利用新信息进行计算,如用 $x_1^{(k+1)}$ 取代 $x_1^{(k)}$ 计算 $x_2^{(k+1)}$,再用 $x_2^{(k+1)}$ 取代 $x_2^{(k)}$ 计算 $x_3^{(k+1)}$ 等。由于 Gauss-Seidel 迭代充分利用新信息进行计算,可以预料它的逼近效果通常比 Jacobi 迭代好。

进而讨论一般形式的方程组(1)。令其左端仅保留下三角部分,而将其余部分移到右端,即加工成如下**伪三角形式**[①]:

$$
\sum_{j=1}^{i} a_{ij}x_j = b_i - \sum_{j=i+1}^{n} a_{ij}x_j, \quad i = 1, 2, \cdots, n
$$

据此设计出迭代法:

$$
\sum_{j=1}^{i} a_{ij}x_j^{(k+1)} = b_i - \sum_{j=i+1}^{n} a_{ij}x_j^{(k)}
$$

这是关于迭代值 $x_i^{(k+1)}$ 的下三角方程组,自上而下逐步回代可顺序求出

$$
x_1^{(k+1)} \rightarrow x_2^{(k+1)} \rightarrow \cdots \rightarrow x_{i-1}^{(k+1)} \rightarrow x_i^{(k+1)} \rightarrow \cdots \rightarrow x_n^{(k+1)}
$$

其求解公式[②]

$$
x_i^{(k+1)} = \left(b_i - \sum_{j=1}^{i-1} a_{ij}x_j^{(k+1)} - \sum_{j=i+1}^{n} a_{ij}x_j^{(k)}\right)\bigg/a_{ii}, \quad i = 1, 2, \cdots, n
\tag{6}
$$

称为求解方程组(1)的 **Gauss-Seidel 迭代公式**。

Gauss-Seidel 迭代公式(6)的特点是:一旦求出变元 x_i 的新值 $x_i^{(k+1)}$ 以后,老值 $x_i^{(k)}$ 在以后的计算中便不再有用。因而,可将新值 $x_i^{(k+1)}$ 存放在老值 $x_i^{(k)}$ 所占用的单元内,而将迭代公式(6)表示为下列动态的形式:

$$
x_i \Leftarrow \left(b_i - \sum_{j \neq i} a_{ij}x_j\right)\bigg/a_{ii}, \quad i = 1, 2, \cdots, n
$$

下面列出 Gauss-Seidel 迭代的计算步骤。同 Jacobi 迭代比较,两种迭代法的计算步骤相类似。

---

①② 本书约定,和式 $\sum_{j=m}^{l} a_j$ 当 $l < m$ 时其值为 0。譬如当 $i = n$ 时项 $\sum_{j=i+1}^{n} a_{ij}x_j = 0$,而当 $i = 1$ 时项 $\sum_{j=1}^{i-1} a_{ij}x_j^{(k+1)}$ 也是虚设的。

算法 5.2 （Gauss-Seidel 迭代）

步骤 1 适当提供迭代初值 $\{x_i^{(0)}\}$。

步骤 2 按 Gauss-Seidel 迭代公式(6)将老值 $x_i^{(k)}$ 加工成新值 $x_i^{(k+1)}$。

步骤 3 若迭代偏差 $\max\limits_{1 \leqslant i \leqslant n} |x_i^{(k+1)} - x_i^{(k)}|$ 小于指定精度 ε，则输出结果，终止计算；否则执行下一步。

步骤 4 若迭代次数 k 小于事先设定的最大迭代次数 N，则转步骤 2 继续迭代；否则输出迭代失败标志，终止计算。

例 2 用 Gauss-Seidel 迭代求解方程组(4)，并与例 1 比较计算结果。

解 这里 Gauss-Seidel 迭代公式为

$$\begin{cases} x_1^{(k+1)} = 0.72 + 0.1x_2^{(k)} + 0.2x_3^{(k)} \\ x_2^{(k+1)} = 0.83 + 0.1x_1^{(k+1)} + 0.2x_3^{(k)} \\ x_3^{(k+1)} = 0.84 + 0.2x_1^{(k+1)} + 0.2x_2^{(k+1)} \end{cases}$$

仍取初值 $x_1^{(0)} = x_2^{(0)} = x_3^{(0)} = 0$ 进行迭代，计算结果见表 5.2。与表 5.1 中 Jacobi 迭代的计算结果相比较可以明显地看出，这里 Gauss-Seidel 迭代的效果比 Jacobi 迭代得好。

表 5.2

k	$x_1^{(k)}$	$x_2^{(k)}$	$x_3^{(k)}$
0	0.000 00	0.000 00	0.000 00
1	0.720 00	0.902 00	1.164 40
2	1.043 08	1.167 19	1.282 05
3	1.093 13	1.195 72	1.297 77
4	1.099 13	1.199 47	1.299 72
5	1.099 89	1.199 93	1.299 97
6	1.099 99	1.199 99	1.300 00

以上介绍了求解线性方程组的两种迭代法。**由于 Gauss-Seidel 迭代充分利用了迭代过程中的新信息，一般地说，它的迭代效果要比 Jacobi 的迭代效果好。**但情况并不总是这样，有时 Gauss-Seidel 迭代比 Jacobi 迭代收敛得慢，甚至可以举出 Jacobi 迭代收敛但 Gauss-Seidel 迭代反而发散的例子。

5.3 迭代法的设计技术

本节将运用矩阵记号揭示迭代法的实质。

1. 迭代矩阵的概念

由于线性方程组 $Ax=b$ 是个隐式的计算模型，为了运用迭代法，需要将它改写成"形显实隐"的等价形式

$$x=Gx+d$$

式中 G 称为**迭代矩阵**。据此即可建立迭代公式

$$x^{(k+1)}=Gx^{(k)}+d$$

设计求解方程组 $Ax=b$ 的迭代法，就是要构造出合适的迭代矩阵 G，使得迭代过程 $x^{(k+1)}=Gx^{(k)}+d$ 收敛，并且收敛的速度比较快。

同方程求根的迭代法一样（参看第 4 章），求解线性方程组 $Ax=b$ 的迭代法，其设计思想是将所给计算模型逐步显式化。问题在于，依据所给系数矩阵 A 怎样设计出合适的迭代矩阵 G 呢？

2. 矩阵分裂技术

设将方程组(1)的系数矩阵 A 分裂成对角阵 D、严格下三角阵 L 与严格上三角阵 U 三个部分，即

$$A=D+L+U$$

即令

$$
\begin{bmatrix}
a_{11} & a_{12} & a_{13} & \cdots & a_{1n} \\
a_{21} & a_{22} & a_{23} & \cdots & a_{2n} \\
a_{31} & a_{32} & a_{33} & \cdots & a_{3n} \\
\vdots & \vdots & \vdots & & \vdots \\
a_{n1} & a_{n2} & a_{n3} & \cdots & a_{nn}
\end{bmatrix}
=
\begin{bmatrix}
a_{11} & & & & \\
& a_{22} & & \mathbf{0} & \\
& & a_{33} & & \\
& \mathbf{0} & & \ddots & \\
& & & & a_{nn}
\end{bmatrix}
+
\begin{bmatrix}
0 & & & & \\
a_{21} & 0 & & \mathbf{0} & \\
a_{31} & a_{32} & 0 & & \\
\vdots & \vdots & \vdots & \ddots & \ddots \\
a_{n1} & a_{n2} & \cdots & a_{n,n-1} & 0
\end{bmatrix}
$$

$$
+
\begin{bmatrix}
0 & a_{12} & a_{13} & \cdots & a_{1n} \\
& 0 & a_{23} & \cdots & a_{2n} \\
& & \ddots & \ddots & \vdots \\
& \mathbf{0} & & 0 & a_{n-1,n} \\
& & & & 0
\end{bmatrix}
$$

则所给方程组 $Ax=b$ 可表示为

$$(D+L+U)x=b$$

设其左端仅保留对角部分，而将其余部分移到右端，即改写成如下**伪对角形式**：

$$Dx=-(L+U)x+b$$

则有

$$x = -D^{-1}(L+U)x + D^{-1}b$$

据此设计出的迭代法为

$$x^{(k+1)} = -D^{-1}(L+U)x^{(k)} + D^{-1}b \tag{7}$$

它是 Jacobi 迭代公式(3)的矩阵形式,可见 Jacobi 迭代的迭代矩阵为

$$G = -D^{-1}(L+U)$$

再换一种做法。设方程组 $Ax=b$ 的左端仅保留下三角部分 $D+L$,而改写成**伪三角形式**:

$$(D+L)x = -Ux + b$$

据此设计出迭代法

$$(D+L)x^{(k+1)} = -Ux^{(k)} + b \tag{8}$$

由此得

$$Dx^{(k+1)} = -Lx^{(k+1)} - Ux^{(k)} + b$$

从而有

$$x^{(k+1)} = -D^{-1}(Lx^{(k+1)} + Ux^{(k)}) + D^{-1}b$$

容易看出它是 Gauss-Seidel 迭代公式(6)的矩阵形式,而式(8)表明 Gauss-Seidel 迭代的迭代矩阵为

$$G = -(D+L)^{-1}U$$

3. 预报校正技术

进一步运用预报校正技术剖析迭代法的设计机理。

设有预报值 $x^{(0)}$,寻求校正值 $x^{(1)} = x^{(0)} + \Delta x$,使之具有更好的精度:

$$A(x^{(0)} + \Delta x) \approx b$$

即能较为准确地使下式成立:

$$A\Delta x \approx -Ax^{(0)} + b$$

为此,考察如下形式的校正方程:

$$\widetilde{A}\Delta x = -Ax^{(0)} + b \tag{9}$$

其中,矩阵 $\widetilde{A}$ 称为**校正矩阵**,自然要求:

(1) $\widetilde{A}$ 与 A 相近似,以保证迭代过程收敛;

(2) $\widetilde{A}$ 的求逆较 A 简便,以保证迭代公式的形式简单。

考虑到矩阵分裂 $A = D+L+U$,可采取下述两种设计策略:

(1) 取 A 的对角部分 D 充当校正矩阵 $\widetilde{A}$,这时校正方程(9)具有伪对角形式:

$$D\Delta x = -Ax^{(0)} + b$$

从而有

$$Dx^{(1)} = D(x^{(0)} + \Delta x) = (D-A)x^{(0)} + b = -(L+U)x^{(0)} + b$$

据此建立的迭代公式

$$x^{(k+1)} = -D^{-1}(L+U)x^{(k)} + D^{-1}b$$

即 Jacobi 迭代公式(7)。

(2) 再取 A 的下三角部分 $D+L$ 充当校正矩阵 $\widetilde{A}$,这时校正方程(9)具有伪三角形式:

$$(D+L)\Delta x = -Ax^{(0)} + b$$

从而有

$$(D+L)x^{(1)} = (D+L)(x^{(0)} + \Delta x) = (D+L-A)x^{(0)} + b = -Ux^{(0)} + b$$

据此建立的迭代公式

$$x^{(k+1)} = -(D+L)^{-1}Ux^{(k)} + (D+L)^{-1}b$$

即 Gauss-Seidel 迭代公式(8)。

通过以上分析,可以看到,求解线性方程组的 Jacobi 迭代与 Gauss-Seidel 迭代,它们分别基于用对角部分 D 或三角部分 $D+L$ 近似表示所给矩阵 A。由此可以想象,如果所给系数矩阵 A 很像对角阵,那么,无论是它的对角部分 D,还是它的三角部分 $D+L$,都会与 A 很"相像"。这时,Jacobi 迭代与 Gauss-Seidel 迭代是有效的。

问题在于,什么样的矩阵 A 与对角阵很"相像"呢?

5.4 迭代过程的收敛性

1. 对角占优阵的概念

定义 1 称矩阵 $A = (a_{ij})_{n \times n}$ 是**对角占优阵**,如果其对角元素 a_{ii} 按绝对值大于同行其他元素 $a_{ij}(j \neq i)$ 绝对值之和,即

$$|a_{ii}| > \sum_{j \neq i} |a_{ij}|, \quad i = 1, 2, \cdots, n$$

系数矩阵为对角占优阵的线性方程组称作是**对角占优的**。实际问题归结出的线性方程组往往具有这种特征,譬如,构造三次样条归结出的基本方程组以及求解常微分方程边值问题归结出的差分方程组都是对角占优的。

现在针对对角占优方程组考察迭代过程的收敛性。首先注意一个明显的事实:如果 $A = (a_{ij})_{n \times n}$ 为对角占优阵,则有

$$L = \max_{1 \leqslant i \leqslant n} \sum_{j \neq i} \frac{|a_{ij}|}{|a_{ii}|} < 1 \tag{10}$$

再回顾一下收敛性的概念。

定义 2 称迭代序列 $x^{(k)} = (x_1^{(k)}, x_2^{(k)}, \cdots, x_n^{(k)})$ **收敛**到解 $x^* = (x_1^*, x_2^*, \cdots,$

x_n^*),如果有下式成立:

$$\lim_{k\to\infty} x_i^{(k)} = x_i^* , \quad i = 1,2,\cdots,n$$

据此,为了判断迭代过程的收敛性,需要检查 n 个数列 $\{x_i^{(k)}\}, i=1,2,\cdots,n$ 是否收敛。当阶数 n 很大时,这是不便的。若记 $e_k = \max\limits_{1\leqslant i\leqslant n} |x_i^{(k)} - x_i^*|$,则迭代序列 $\boldsymbol{x}^{(k)}$ 收敛到解 $\boldsymbol{x}^*$,当且仅当 $\lim\limits_{k\to\infty} e_k = 0$。

2. 迭代收敛的一个充分条件

定理 1　如果所给方程组(1)

$$\sum_{j=1}^{n} a_{ij} x_j = b_i, \quad i = 1,2,\cdots,n$$

是对角占优的,则其 Jacobi 迭代公式(3)对于任给迭代初值均收敛。

证　将 Jacobi 迭代公式(3)与解的对应关系式

$$x_i^* = \frac{1}{a_{ii}}\left(b_i - \sum_{j\neq i} a_{ij} x_j^*\right)$$

相减,得到

$$x_i^{(k+1)} - x_i^* = -\frac{1}{a_{ii}} \sum_{j\neq i} a_{ij}(x_j^{(k)} - x_j^*)$$

由此得知

$$|x_i^{(k+1)} - x_i^*| \leqslant \sum_{j\neq i} \frac{|a_{ij}|}{|a_{ii}|} \max_{1\leqslant j\leqslant n} |x_j^{(k)} - x_j^*|$$

从而关于迭代误差 $e_k = \max\limits_{1\leqslant i\leqslant n} |x_i^{(k)} - x_i^*|$ 有估计式

$$e_{k+1} \leqslant \sum_{j\neq i} \frac{|a_{ij}|}{|a_{ii}|} e_k$$

依条件(10)知

$$e_{k+1} \leqslant L e_k$$

由于 $0 < L < 1$,故有

$$e_k \leqslant L^k e_0 \xrightarrow{k\to\infty} 0$$

Jacobi 迭代的收敛性得证。

定理 2　如果所给方程组(1)是对角占优的,则其 Gauss-Seidel 迭代公式(6)对于任意给定的初值均收敛。

证　类同于定理 1 的证法,将 Gauss-Seidel 迭代公式(6)与解所满足的对应关系式

$$x_i^* = \frac{1}{a_{ii}}\left(b_i - \sum_{j=1}^{i-1} a_{ij} x_j^* - \sum_{j=i+1}^{n} a_{ij} x_j^*\right)$$

相减,有

$$x_i^{(k+1)} - x_i^* = -\frac{1}{a_{ii}}\Big[\sum_{j=1}^{i-1} a_{ij}(x_j^{(k+1)} - x_j^*) + \sum_{j=i+1}^{n} a_{ij}(x_j^{(k)} - x_j^*)\Big]$$

对于给定 k,有下标 l,$1 \leqslant l \leqslant n$,使

$$e_{k+1} = \max_{1 \leqslant i \leqslant n}|x_i^{(k+1)} - x_i^*| = |x_l^{(k+1)} - x_l^*|$$

故有

$$e_{k+1} \leqslant \sum_{j=1}^{l-1} \frac{|a_{lj}|}{|a_{ll}|} e_{k+1} + \sum_{j=l+1}^{n} \frac{|a_{lj}|}{|a_{ll}|} e_k$$

从而有

$$e_{k+1} \leqslant \frac{\sum_{j=l+1}^{n} \frac{|a_{lj}|}{|a_{ll}|}}{1 - \sum_{j=1}^{l-1} \frac{|a_{lj}|}{|a_{ll}|}} e_k$$

记

$$M = \max_{1 \leqslant i \leqslant n} \frac{\sum_{j=i+1}^{n} \frac{|a_{ij}|}{|a_{ii}|}}{1 - \sum_{j=1}^{i-1} \frac{|a_{ij}|}{|a_{ii}|}}$$

则有

$$e_{k+1} \leqslant M e_k$$

利用条件(10)有

$$\frac{\sum_{j=i+1}^{n} \frac{|a_{ij}|}{|a_{ii}|}}{1 - \sum_{j=1}^{i-1} \frac{|a_{ij}|}{|a_{ii}|}} \leqslant \frac{L - \sum_{j=1}^{i-1} \frac{|a_{ij}|}{|a_{ii}|}}{1 - \sum_{j=1}^{i-1} \frac{|a_{ij}|}{|a_{ii}|}} \leqslant \frac{L - L\sum_{j=1}^{i-1} \frac{|a_{ij}|}{|a_{ii}|}}{1 - \sum_{j=1}^{i-1} \frac{|a_{ij}|}{|a_{ii}|}} = L$$

故有

$$0 < M \leqslant L < 1$$

由此得知,当系数矩阵 $\boldsymbol{A}$ 为对角占优时,Gauss-Seidel 迭代比 Jacobi 迭代收敛得更快。

5.5 超松弛迭代

使用迭代法的困难在于计算量难以估计。有时迭代过程虽然收敛,但由于收敛速度缓慢,使计算量变得很大而失去实用价值。因此,迭代过程的加速具有重要意义。

前已指出,Gauss-Seidel 迭代通常优于 Jacobi 迭代。所谓松弛法迭代实质上是 Gauss-Seidel 迭代的一种加速方法,这种方法将老的迭代值与 Gauss-Seidel 迭代的计算结果适当加权平均,期望获得更好的近似值。

先考察三阶方程组(2):

$$\begin{cases} a_{11}x_1 + a_{12}x_2 + a_{13}x_3 = b_1 \\ a_{21}x_1 + a_{22}x_2 + a_{23}x_3 = b_2 \\ a_{31}x_1 + a_{32}x_2 + a_{33}x_3 = b_3 \end{cases}$$

的 Gauss-Seidel 迭代公式(5),据其第 1 个式子

$$\tilde{x}_1^{(k+1)} = (b_1 - a_{12}x_2^{(k)} - a_{13}x_3^{(k)})/a_{11}$$

求出迭代值 $\tilde{x}_1^{(k+1)}$ 以后,将它与老值 $x_1^{(k)}$ 依松弛因子 ω 进行加权平均,记改进值为 $x_1^{(k+1)}$:

$$x_1^{(k+1)} = \omega\,\tilde{x}_1^{(k+1)} + (1-\omega)x_1^{(k)}$$

第 2 步用改进值 $x_1^{(k+1)}$ 取代老值 $x_1^{(k)}$ 进行迭代,求得

$$\tilde{x}_2^{(k+1)} = (b_2 - a_{21}x_1^{(k+1)} - a_{23}x_3^{(k)})/a_{22}$$

然后再将迭代值 $\tilde{x}_2^{(k+1)}$ 与老值 $x_2^{(k)}$ 依松弛因子 ω 进行加权平均,获得改进值 $x_2^{(k+1)}$:

$$x_2^{(k+1)} = \omega\,\tilde{x}_2^{(k+1)} + (1-\omega)x_2^{(k)}$$

以此类推,第 3 步先求得迭代值

$$\tilde{x}_3^{(k+1)} = (b_3 - a_{31}x_1^{(k+1)} - a_{32}x_2^{(k+1)})/a_{33}$$

然后进一步将它加工成改进值

$$x_3^{(k+1)} = \omega\,\tilde{x}_3^{(k+1)} + (1-\omega)x_3^{(k)}$$

这样设计出的迭代改进系统称作求解所给方程组的**松弛迭代法**:

$$\tilde{x}_1^{(k+1)} = (b_1 - a_{12}x_2^{(k)} - a_{13}x_3^{(k)})/a_{11}$$
$$x_1^{(k+1)} = \omega\,\tilde{x}_1^{(k+1)} + (1-\omega)x_1^{(k)}$$
$$\tilde{x}_2^{(k+1)} = (b_2 - a_{21}x_1^{(k+1)} - a_{23}x_3^{(k)})/a_{22}$$
$$x_2^{(k+1)} = \omega\,\tilde{x}_2^{(k+1)} + (1-\omega)x_2^{(k)}$$
$$\tilde{x}_3^{(k+1)} = (b_3 - a_{31}x_1^{(k+1)} - a_{32}x_2^{(k+1)})/a_{33}$$
$$x_3^{(k+1)} = \omega\,\tilde{x}_3^{(k+1)} + (1-\omega)x_3^{(k)}$$

容易看出,Gauss-Seidel 迭代是松弛因子 $\omega=1$ 的特殊情形,因而松弛迭代可以看作 Gauss-Seidel 迭代的推广与改进。可以证明,为了保证松弛法的迭代过程收敛,必须要求 $0<\omega<2$。

　　值得注意的是,由于迭代值 $\tilde{x}_i^{(k+1)}$ 通常比老值 $x_i^{(k)}$ 准确,所以在将它们二者加权平均时应加大 $\tilde{x}_i^{(k+1)}$ 的比重,以尽可能发挥它的优势,为此通常取松弛因子 $1<\omega<2$,即采用**超松弛法**。超松弛法简称 **SOR**(Succesive Over-Relaxation)**方法**。

　　对于一般形式的方程组(1):

$$\sum_{j=1}^{n} a_{ij}x_j = b_i, \quad i = 1,2,\cdots,n$$

应用松弛技术改进 Gauss-Seidel 迭代,有下列 SOR 迭代法:

迭代　　　$\tilde{x}_i^{(k+1)} = \left(b_i - \sum_{j=1}^{i-1} a_{ij} x_j^{(k+1)} - \sum_{j=i+1}^{n} a_{ij} x_j^{(k)} \right) \bigg/ a_{ii}$

改进　　　$x_i^{(k+1)} = \omega \, \tilde{x}_i^{(k+1)} + (1-\omega) x_i^{(k)}, \quad i=1,2,\cdots,n$

需要提醒注意的是,在松弛过程中,迭代值 $\tilde{x}_i^{(k+1)}$ 与改进值 $x_i^{(k+1)}$ 是交替生成的:

$$\tilde{x}_1^{(k+1)} \to x_1^{(k+1)} \to \tilde{x}_2^{(k+1)} \to x_2^{(k+1)} \to \cdots \to \tilde{x}_n^{(k+1)} \to x_n^{(k+1)}$$

将迭代与改进两个环节合并在一起,即得 **SOR 迭代**的下列计算公式:

$$x_i^{(k+1)} = x_i^{(k)} + \frac{\omega}{a_{ii}} \left(b_i - \sum_{j=1}^{i-1} a_{ij} x_j^{(k+1)} - \sum_{j=i}^{n} a_{ij} x_j^{(k)} \right), \quad i=1,2,\cdots,n \qquad (11)$$

超松弛迭代即 SOR 方法具有计算公式简单、程序设计容易等突出优点,它是求解大型稀疏方程组的一种有效方法。如果松弛因子 ω 选择合适,SOR 方法可以显著地提高收敛速度。

使用 SOR 方法的关键在于选取合适的松弛因子。松弛因子的取值对收敛速度影响极大,实际计算时,通常依据系数矩阵的特点,并结合计算实践来选取合适的松弛因子。

例 3　用 SOR 方法解方程组

$$\begin{cases} -4x_1 + x_2 + x_3 + x_4 = 1 \\ x_1 - 4x_2 + x_3 + x_4 = 1 \\ x_1 + x_2 - 4x_3 + x_4 = 1 \\ x_1 + x_2 + x_3 - 4x_4 = 1 \end{cases}$$

其精确解 $\boldsymbol{x}^* = (-1, -1, -1, -1)^{\mathrm{T}}$。

解　这里 SOR 迭代公式为

$$\begin{cases} x_1^{(k+1)} = x_1^{(k)} - \omega(1 + 4x_1^{(k)} - x_2^{(k)} - x_3^{(k)} - x_4^{(k)})/4 \\ x_2^{(k+1)} = x_2^{(k)} - \omega(1 - x_1^{(k+1)} + 4x_2^{(k)} - x_3^{(k)} - x_4^{(k)})/4 \\ x_3^{(k+1)} = x_3^{(k)} - \omega(1 - x_1^{(k+1)} - x_2^{(k+1)} + 4x_3^{(k)} - x_4^{(k)})/4 \\ x_4^{(k+1)} = x_4^{(k)} - \omega(1 - x_1^{(k+1)} - x_2^{(k+1)} - x_3^{(k+1)} + 4x_4^{(k)})/4 \end{cases}$$

令初值 $x_1^{(0)} = x_2^{(0)} = x_3^{(0)} = x_4^{(0)} = 0$,取松弛因子 $\omega = 1.3$ 迭代 11 次获得满足精度 $\max_{1 \leqslant i \leqslant 4} |x_i^{(k+1)} - x_i^{(k)}| < 10^{-5}$ 的结果。

SOR 方法的计算量与松弛因子 ω 的具体选择密切相关。设精度 $\varepsilon = 10^{-5}$,表 5.3 显示例 3 的松弛因子 ω 与迭代次数 N 的关系。表中 $\omega = 1.0$ 为 Gauss-Seidel 迭代,而 $\omega = 1.3$ 则为**最佳松弛因子**。

表 5.3

ω	1.0	1.1	1.2	1.3	1.4	1.5	1.6	1.7	1.8
N	22	17	12	11	14	17	23	33	53

本 章 小 结

矩阵是一种强有力的数学工具。运用矩阵可对数据体进行整体分析和批量处理。

1. 从矩阵分析的角度来看,系数矩阵为对角阵或三角阵的方程组是简单的,**而用迭代法求解线性方程组,其实质是将所给方程组的求解化归为对角方程组或三角方程组求解过程的重复。**

2. 将复杂化归为简单的重复,这种做法究竟是否有效,取决于所给系数矩阵的对角部分或三角部分是否同它自身很"相像"。一个很自然的结论是,**如果所给系数矩阵是对角占优的,那么它的对角部分或三角部分同它很"相像",因而这时的迭代法是收敛的。**

值得强调的是,比较迭代法的矩阵分裂技术与第 6 章直接法的矩阵分解技术两者的对立统一性,表明了算法设计学的深层次的数学美。

习　　题

1. 用 Jacobi 迭代与 Gauss-Seidel 迭代求解方程组

$$\begin{cases} 3x_1 + x_2 = 2 \\ x_1 + 2x_2 = 1 \end{cases}$$

要求保留 3 位有效数字。

2. 试列出求解下列方程组的 Jacobi 迭代公式和 Gauss-Seidel 迭代公式:

$$\begin{cases} 10x_1 + x_3 - 5x_4 = -7 \\ x_1 + 8x_2 - 3x_3 = 11 \\ 3x_1 + 2x_2 - 8x_3 + x_4 = 23 \\ x_1 - 2x_2 + 2x_3 + 7x_4 = 17 \end{cases}$$

并考察迭代过程的收敛性。

3. 分别用 Jacobi 迭代与 Gauss-Seidel 迭代求解以下方程组:

(1) $\begin{cases} x_1 + 2x_2 = -1 \\ 3x_1 + x_2 = 2 \end{cases}$　(2) $\begin{cases} x_1 + 5x_2 - 3x_3 = 2 \\ 5x_1 - 2x_2 + x_3 = 4 \\ 2x_1 + x_2 - 5x_3 = -11 \end{cases}$

4. 若 **A** 可写成分块形式:

$$A = \begin{bmatrix} A_{11} & A_{12} \\ A_{21} & A_{22} \end{bmatrix}$$

其中 A_{11}, A_{22} 均为可逆方阵,且易于求逆,试以

$$\begin{bmatrix} \boldsymbol{A}_{11} & \\ & \boldsymbol{A}_{22} \end{bmatrix}$$

为校正矩阵设计出一种求解方程组 $\boldsymbol{Ax} = \boldsymbol{b}$ 的迭代公式。

5. 分别用 Jacobi 迭代与 Gauss-Seidel 迭代求解下列方程组：

(1) $\begin{cases} x_1 + x_3 = 5 \\ -x_1 + x_2 = -7 \\ x_1 + 2x_2 - 3x_3 = -17 \end{cases}$ 　　(2) $\begin{cases} x_1 + 0.5x_2 + 0.5x_3 = 0 \\ 0.5x_1 + x_2 + 0.5x_3 = 0.5 \\ 0.5x_1 + 0.5x_2 + x_3 = -2.5 \end{cases}$

6. 取 $\omega = 1.25$，用松弛法求解下列方程组：

$$\begin{cases} 4x_1 + 3x_2 = 16 \\ 3x_1 + 4x_2 - x_3 = 20 \\ -x_2 + 4x_3 = -12 \end{cases}$$

要求精度为 $\frac{1}{2} \times 10^{-4}$。

第6章 线性方程组的直接法

第 5 章介绍了求解线性方程组的迭代法。**迭代法的设计思想是，将所给线性方程组的求解过程化归为三角方程组或对角方程组求解过程的重复。**

所谓求解线性方程组的直接法，就是通过有限步的运算手续，将所给方程组直接加工成某个三角方程组乃至对角方程组来求解。众所周知的消去法就是这样一类方法，它运用消元手续实现这种加工。

消去法是一类古老的算法。两千年前的中国古代算经《九章算术》中就记载有解线性方程组的消元技术，其设计机理与近代 Gauss 消去法的一脉相承。

求解线性方程组的直接法主要分消去法与矩阵分解方法两大类。为了揭示这两类方法的内在联系，本章首先考察三对角方程组的特殊情形。

求解三对角方程组的常用方法是追赶法。追赶法是本章的核心内容。本章介绍的对称方程组乃至一般线性方程组的解法，本质上都是追赶法的延伸与拓展。

6.1 追 赶 法

1. 二对角方程组的回代过程

含有大量零元素的矩阵称为**稀疏阵**。对角阵是稀疏阵的特例，其非零元素集中分布在主对角线上，其结构如图 6.1(a)所示。

如果矩阵的非零元素集中分布在主对角线以及下次对角线（见图 6.1(b)）或上次对角线（见图 6.1(c)）上，这样的矩阵称作**下二对角阵**或**上二对角阵**[①]，相应的方程组称作**下二对角方程组**或**上二对角方程组**。

二对角方程组的求解是容易的。譬如，对于下二对角方程组

$$\begin{cases} b_1 x_1 = f_1 \\ a_2 x_1 + b_2 x_2 = f_2 \\ \quad\vdots \\ a_n x_{n-1} + b_n x_n = f_n \end{cases}$$

---

① 稀疏矩阵中的空白部分表示全为零元素，后同.

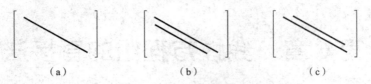

(a)　　　　　　　　　(b)　　　　　　　　　(c)

图 6.1　对角阵、下二对角阵与上二对角阵示意图

即
$$\begin{cases} b_1 x_1 = f_1 \\ a_i x_{i-1} + b_i x_i = f_i, & i = 2, 3, \cdots, n \end{cases}$$

据此自上而下逐步回代即可**顺序**得出它的解
$$x_1 \to x_2 \to \cdots \to x_n$$

这里回代公式为
$$\begin{cases} x_1 = f_1 / b_1 \\ x_i = (f_i - a_i x_{i-1}) / b_i, & i = 2, 3, \cdots, n \end{cases}$$

类似地,对于上二对角方程组
$$\begin{cases} b_1 x_1 + c_1 x_2 = f_1 \\ \quad\vdots \\ b_{n-1} x_{n-1} + c_{n-1} x_n = f_{n-1} \\ b_n x_n = f_n \end{cases}$$

即
$$\begin{cases} b_i x_i + c_i x_{i+1} = f_i, & i = 1, 2, \cdots, n-1 \\ b_n x_n = f_n \end{cases}$$

据此自下而上逐步回代即可**逆序**得出它的解
$$x_n \to x_{n-1} \to \cdots \to x_1$$

这里回代公式为
$$\begin{cases} x_n = f_n / b_n \\ x_i = (f_i - c_i x_{i+1}) / b_i, & i = n-1, n-2, \cdots, 1 \end{cases}$$

由此可见,对于系数矩阵为二对角阵的简单情形,方程组的求解是容易的。不过需要特别注意解的次序。下二对角方程组的解是顺序得出的,其求解过程称作**追**的过程;反之,上二对角方程组的解则是逆序生成的,其求解过程称作**赶**的过程。一顺一逆,一追一赶。

无论是追的过程还是赶的过程,每做一步,都是将所给下二对角方程组或上二对角方程组化归为变元个数减 1 的类型相同的二对角方程组,因此,这种回代算法是规模缩减技术的具体应用。

2.　追赶法的设计思想

如果系数矩阵的非零元素集中分布在主对角线及其上、下两条次对角线上

（见图 6.2），这类稀疏矩阵称作**三对角阵**。而称系数矩阵为三对角阵的线性方程组是**三对角**的。

图 6.2　三对角阵示意图

前已指出，作为三对角方程组的特例，二对角方程组的情形是容易处理的。人们自然会问，三对角方程组能否化归为二对角方程组来求解呢？

所谓追赶法正是基于这一思想设计出来的。

先考察 3 阶三对角方程组

$$\begin{cases} b_1 x_1 + c_1 x_2 = f_1 \\ a_2 x_1 + b_2 x_2 + c_2 x_3 = f_2 \\ a_3 x_2 + b_3 x_3 = f_3 \end{cases} \tag{1}$$

运用人们所熟知的消元手续进行加工。

第 1 步，将式$(1)_1$[①] 中 x_1 的系数化为 1，使之变为

$$x_1 + u_1 x_2 = y_1 \tag{2}$$

的形式，式中

$$u_1 = c_1 / b_1, \quad y_1 = f_1 / b_1$$

然后利用式(2)从式$(1)_2$ 中消去 x_1，得

$$a_2 (y_1 - u_1 x_2) + b_2 x_2 + c_2 x_3 = f_2$$

再将其中 x_2 的系数化为 1，使之变为

$$x_2 + u_2 x_3 = y_2 \tag{3}$$

的形式，易知

$$u_2 = c_2 / (b_2 - a_2 u_1)$$
$$y_2 = (f_2 - a_2 y_1) / (b_2 - a_2 u_1)$$

最后将式(3)代入式$(1)_3$，从中消去 x_2，即可定出

$$x_3 = y_3$$

这里

$$y_3 = (f_3 - a_3 y_2) / (b_3 - a_3 u_2)$$

这样，通过众所周知的消元手续，所给方程组(1)被化为如下形式的单位上二对角方程组

$$\begin{cases} x_1 + u_1 x_2 = y_1 \\ x_2 + u_2 x_3 = y_2 \\ x_3 = y_3 \end{cases}$$

后者通过回代手续立即解出

$$\begin{cases} x_3 = y_3 \\ x_2 = y_2 - u_2 x_3 \\ x_1 = y_1 - u_1 x_2 \end{cases}$$

① 本章以$(\cdot)_i$ 表示方程组$(\cdot)$的第 i 个方程.

3. 追赶法的计算公式

一般来说，对于系数阵为三对角阵

$$A=\begin{bmatrix} b_1 & c_1 & & & & \\ a_2 & b_2 & c_2 & & & \\ & a_3 & b_3 & c_3 & & \\ & & \ddots & \ddots & \ddots & \\ & & & a_{n-1} & b_{n-1} & c_{n-1} \\ & & & & a_n & b_n \end{bmatrix}$$

的方程组

$$\begin{cases} b_1 x_1 + c_1 x_2 = f_1 \\ a_i x_{i-1} + b_i x_i + c_i x_{i+1} = f_i, \quad i=2,3,\cdots,n-1 \\ a_n x_{n-1} + b_n x_n = f_n \end{cases} \quad (4)$$

其加工过程分消元与回代两个环节。

(1) **消元过程**

将所给三对角方程组(4)加工成易于求解的单位上二对角方程组

$$\begin{cases} x_i + u_i x_{i+1} = y_i, \quad i=1,2,\cdots,n-1 \\ x_n = y_n \end{cases} \quad (5)$$

为此所要施行的运算手续是

$$\begin{cases} u_1 = c_1/b_1, \quad y_1 = f_1/b_1 \\ u_i = c_i/(b_i - a_i u_{i-1}), \quad i=2,3,\cdots,n-1 \\ y_i = (f_i - a_i y_{i-1})/(b_i - a_i u_{i-1}), \quad i=2,3,\cdots,n \end{cases} \quad (6)$$

(2) **回代过程**

进一步求解加工得出的二对角方程组(5)，其计算公式是

$$\begin{cases} x_n = y_n \\ x_i = y_i - u_i x_{i+1}, \quad i=n-1,n-2,\cdots,1 \end{cases} \quad (7)$$

显然，上述两个计算环节，**无论是消元过程还是回代过程，它们都是规模缩减技术的具体运用**。这里可将变元的个数视为线性方程组的规模，这样，每通过消元手续消去一个变元，计算问题的规模便相应地减 1，而直到每个方程仅含一个变元时即可得出所求的解。

需要指出的是，上述消元过程与回代过程这两个环节有着实质性的差异：前者是顺序计算 $y_1 \rightarrow y_2 \rightarrow \cdots \rightarrow y_n$，而后者则是逆序求解 $x_n \rightarrow x_{n-1} \rightarrow \cdots \rightarrow x_1$。如前

所述,通常前者称作**追的过程**,而后者称作**赶的过程**。求解三对角方程组的上述方法则称作**追赶法**。

总之,追赶法的设计机理是将所给三对角方程组(4)化归为简单的二对角方程组(5)来求解,从而达到化繁为简的目的。

4. 追赶法的计算流程

再审视追赶法的计算公式(6)和式(7),不难看出,这类方法可划分为预处理、追的过程与赶的过程三个环节:

算法 6.1 （追赶法）

（1）预处理

生成方程组(5)的系数 u_i 及其除数 d_i。事实上,按式(6)可交替生成 d_i 与 u_i:

$$d_1 \rightarrow u_1 \rightarrow d_2 \rightarrow \cdots \rightarrow u_{n-1} \rightarrow d_n$$

其计算公式为

$$\begin{cases} d_1 = b_1 \\ u_i = c_i/d_i, & i = 1, 2, \cdots, n-1 \\ d_{i+1} = b_{i+1} - a_{i+1}u_i, \end{cases}$$

（2）追的过程

顺序生成方程组(5)的右端 y_i:

$$y_1 \rightarrow y_2 \rightarrow \cdots \rightarrow y_n$$

据式(6)计算公式为

$$\begin{cases} y_1 = f_1/d_1 \\ y_i = (f_i - a_i y_{i-1})/d_i, & i = 2, 3, \cdots, n \end{cases}$$

（3）赶的过程

逆序得出方程组(5)的解 x_i:

$$x_n \rightarrow x_{n-1} \rightarrow \cdots \rightarrow x_1$$

其计算公式按式(7)为

$$\begin{cases} x_n = y_n \\ x_i = y_i - u_i x_{i+1}, & i = n-1, n-2, \cdots, 1 \end{cases}$$

---

5. 追赶法的可行性

为使追赶法的计算过程不致中断,必须要求式(6)中的分母 $d_i = b_i - a_i u_{i-1}$ 全不为 0。为此,考察系数阵为对角占优阵的情形。

定义 三角对阵

$$
A = \begin{bmatrix}
b_1 & c_1 & & & & \\
a_2 & b_2 & c_2 & & & \\
& a_3 & b_3 & c_3 & & \\
& & \ddots & \ddots & \ddots & \\
& & & a_{n-1} & b_{n-1} & c_{n-1} \\
& & & & a_n & b_n
\end{bmatrix}
$$

称作**对角占优阵**,如果其主对角元素的绝对值大于同行次对角元素的绝对值之和,即

$$
\begin{cases}
|b_1| > |c_1| \\
|b_i| > |a_i| + |c_i|, \quad i = 2, 3, \cdots, n-1 \\
|b_n| > |a_n|
\end{cases} \tag{8}
$$

定理 1 如果所给三对角方程组(4)的系数矩阵是对角占优的,则除数 $d_i (i = 1, 2, \cdots, n)$ 的值全不为 0,从而前述追赶过程不会中断。

证 按对角占优条件(8),有

$$
|d_1| = |b_1| > |c_1|
$$

故 $d_1 \neq 0$。又

$$
|u_1| = \frac{|c_1|}{|d_1|} = \frac{|c_1|}{|b_1|} < 1
$$

故再利用式(8),有

$$
|d_2| = |b_2 - a_2 u_1| \geqslant |b_2| - |a_2| > |c_2|
$$

因而 $d_2 \neq 0$。依此类推,知其余 d_i 全不为 0,定理得证。

最后统计追赶法的计算量。

追赶法针对三对角方程组的具体特点,在设计算法时将大量的零元素撇开,从而大大地节省了计算量。易知追赶法大约需要 $3n$ 次加减运算与 $5n$ 次乘除运算。

在计算机上,追赶法是求解三对角方程组的一种有效方法,它具有计算量小、方法简单及算法稳定等优点,因而有广泛的实际应用。不过,如果三对角方

程组的系数矩阵并非对角占优阵,则追赶法可能失效,这时可采用 6.5 节推荐的选主元消去法。

6.2　追赶法的矩阵分解手续

1. 三对角阵的二对角分解

前已看到,追赶法的设计思想是,通过消元手续将所给三对角方程组(4)化为二对角方程组(5),后者求解是容易的。人们自然会问,能否运用某种技术,由方程组(4)的系数矩阵 A 直接加工出方程组(5)的系数矩阵 U 呢?

$$U=\begin{bmatrix} 1 & u_1 & & & \\ & 1 & u_2 & & \\ & & \ddots & \ddots & \\ & & & 1 & u_{n-1} \\ & & & & 1 \end{bmatrix}$$

为了回答这个问题,将所给矩阵 A 分解为上述形式的单位上二对角阵 U 与某个下二对角阵的乘积 $A=LU$,

$$L=\begin{bmatrix} d_1 & & & & \\ l_2 & d_2 & & & \\ & l_3 & d_3 & & \\ & & \ddots & \ddots & \\ & & & l_n & d_n \end{bmatrix}$$

即令

$$\begin{bmatrix} b_1 & c_1 & & & \\ a_2 & b_2 & c_2 & & \\ & \ddots & \ddots & \ddots & \\ & & a_{n-1} & b_{n-1} & c_{n-1} \\ & & & a_n & b_n \end{bmatrix} = \begin{bmatrix} d_1 & & & & \\ l_2 & d_2 & & & \\ & l_3 & d_3 & & \\ & & \ddots & \ddots & \\ & & & l_n & d_n \end{bmatrix} \begin{bmatrix} 1 & u_1 & & & \\ & 1 & u_2 & & \\ & & \ddots & \ddots & \\ & & & 1 & u_{n-1} \\ & & & & 1 \end{bmatrix}$$

$$(9)$$

依据上述矩阵展开式,如何利用已给数据 a_i, b_i, c_i 定出分解阵的元素 d_i, l_i, u_i 呢?

先考察 $n=4$ 的具体情形,这时矩阵分解式(9)表现为

$$\begin{bmatrix} b_1 & c_1 & & \\ a_2 & b_2 & c_2 & \\ & a_3 & b_3 & c_3 \\ & & a_4 & b_4 \end{bmatrix} = \begin{bmatrix} d_1 & & & \\ l_2 & d_2 & & \\ & l_3 & d_3 & \\ & & l_4 & d_4 \end{bmatrix} \begin{bmatrix} 1 & u_1 & & \\ & 1 & u_2 & \\ & & 1 & u_3 \\ & & & 1 \end{bmatrix}$$

将这一矩阵关系式按矩阵乘法规则展开,得

$$b_1=d_1, \quad c_1=d_1u_1$$
$$a_2=l_2, \quad b_2=l_2u_1+d_2, \quad c_2=d_2u_2$$
$$a_3=l_3, \quad b_3=l_3u_2+d_3, \quad c_3=d_3u_3$$
$$a_4=l_4, \quad b_4=l_4u_3+d_4$$

表面上看,这样归结出的关系式是一个关于变元 d_i, l_i, u_i 的非线性方程组,它的求解似乎存在实质性的困难。其实,只要**合理地设定计算顺序**,解出上述方程组并不困难。

首先注意一个明显的事实:这里矩阵 L 的次对角元素与所给矩阵 A 相同,即可得

$$l_2=a_2, \quad l_3=a_3, \quad l_4=a_4$$

进一步深入观察不难发现,分解阵 L,U 的其余元素可以**逐行依次求出**,事实上有

$$d_1=b_1, \quad u_1=c_1/d_1$$
$$d_2=b_2-a_2u_1, \quad u_2=c_2/d_2$$
$$d_3=b_3-a_3u_2, \quad u_3=c_3/d_3$$
$$d_4=b_4-a_4u_3$$

上述分解手续可推广到 n 阶三对角阵的一般情形。

将矩阵关系式(9)按矩阵乘法规则展开,易知分解阵 L 与原矩阵 A 的下次对角线相同,即有 $l_i=a_i, i=2,3,\cdots,n$,从而 L 具有如下形式:

$$L = \begin{bmatrix} d_1 & & & & \\ a_2 & d_2 & & & \\ & a_3 & d_3 & & \\ & & \ddots & \ddots & \\ & & & a_n & d_n \end{bmatrix}$$

此外,依矩阵乘法规则可列出方程组

$$\begin{cases} b_1=d_1 \\ c_i=u_id_i, \\ b_{i+1}=u_ia_{i+1}+d_{i+1}, \end{cases} \quad i=1,2,\cdots,n-1$$

逐行定出矩阵 L 与 U 的各个元素,其计算公式为

$$\begin{cases} d_1 = b_1 \\ u_i = c_i/d_i, & i = 1, 2, \cdots, n-1 \\ d_{i+1} = b_{i+1} - u_i a_{i+1}, \end{cases} \tag{10}$$

2. 基于矩阵分解的追赶法

基于三对角阵 A 的二对角分解 $A = LU$,所给方程组 $Ax = f$,即

$$L(Ux) = f$$

归为 $Ly = f$ 与 $Ux = y$ 两个方程组来求解,前者 $Ly = f$ 是下二对角方程组,具体形式是

$$\begin{cases} d_1 y_1 = f_1 \\ a_i y_{i-1} + d_i y_i = f_i, & i = 2, 3, \cdots, n \end{cases}$$

它解得

$$\begin{cases} y_1 = f_1/d_1 \\ y_i = (f_i - a_i y_{i-1})/d_i, & i = 2, 3, \cdots, n \end{cases} \tag{11}$$

后者 $Ux = y$ 即前述方程组(5),其求解公式已由式(7)给出。

这样,在预先进行矩阵分解的前提下,所给三对角方程组(4)可化归为两个二对角方程组来求解。这一求解过程可划分为如下三个环节。

算法 6.2 (基于矩阵分解的追赶法)

(1) 预处理

分解矩阵 $A = LU$,即依式(10)逐行交替计算分解阵 L 与 U 的元素

$$d_1 \rightarrow u_1 \rightarrow d_2 \rightarrow u_2 \rightarrow \cdots \rightarrow d_{n-1} \rightarrow u_{n-1} \rightarrow d_n$$

(2) 追的过程

解二对角方程组 $Ly = f$,即依式(11)顺序计算

$$y_1 \rightarrow y_2 \rightarrow \cdots \rightarrow y_n$$

(3) 赶的过程

解单位上二对角方程组 $Ux = y$,即依式(7)逆序求解

$$x_n \rightarrow x_{n-1} \rightarrow \cdots \rightarrow x_1$$

容易看出,上述的矩阵分解方法与前述追赶法(算法 6.1)是一致的。它表明,追赶法的一追一赶两个过程,其实质是将所给三对角方程组化归为下二对角方程组与上二对角方程组来求解。

综上所述,矩阵分解 $A=LU$ 是一种代数化方法,分解矩阵 L,U 中的元素作为待定参数,它们满足某个代数方程组。值得注意的是,**尽管这个方程组是非线性的,但适当设定计算顺序即可归纳出显示化的分解公式**。

这类矩阵分解方法亦可用来求解一般形式的**线性**方程组。

6.3 矩阵分解方法

1. 矩阵的 LU 分解

上一节处理三对角方程组的矩阵分解方法,其设计思想对于一般形式的线性方程组 $Ax=b$ 同样是有效的。

事实上,设将系数矩阵 A 分解成下三角阵 L 与上三角阵 U 的乘积(见图6.3)
$$A=LU$$
则所给方程组 $Ax=b$,即 $L(Ux)=b$
可化归为两个三角方程组
$$Ly=b, \quad Ux=y$$
来求解。正如 5.1 节所指出的,三角方程组有简单的回代公式,求解是方便的。

图 6.3 矩阵三角分解示意图

值得注意的是,类同于三对角方程组的情形,这里,下三角方程组 $Ly=b$ 的回代过程是**顺序**计算 $y_1 \to y_2 \to \cdots \to y_n$ 的**追的过程**,而上三角方程组 $Ux=y$ 的回代过程则是**逆序**求解 $x_n \to x_{n-1} \to \cdots \to x_1$ 的**赶的过程**。因此,上述矩阵分解方法可理解为广义的追赶法。

考察矩阵分解方法的可行性。对于一阶方阵的简单情形,由矩阵分解公式
$$[a]=[l][u]$$
不能唯一地确定分解阵的元素 l 和 u,因此需要再附加某种条件。为了保证分解方式 $A=LU$ 的唯一性。实际的附加条件是,令其中一个分解阵 L 或 U 的对角线

元素全为 1。

2. 矩阵的 LU_1 分解

考察矩阵分解 $A=LU_1$，这里 L 为下三角阵，U_1 为单位上三角阵，如对于 3 阶矩阵 A，有

$$
\begin{bmatrix} a_{11} & a_{12} & a_{13} \\ a_{21} & a_{22} & a_{23} \\ a_{31} & a_{32} & a_{33} \end{bmatrix} = \begin{bmatrix} l_{11} & & \\ l_{21} & l_{22} & \\ l_{31} & l_{32} & l_{33} \end{bmatrix} \begin{bmatrix} 1 & u_{12} & u_{13} \\ & 1 & u_{23} \\ & & 1 \end{bmatrix}
$$

按矩阵乘法规则展开，有

$$
\begin{cases} a_{11}=l_{11}, & a_{12}=l_{11}u_{12}, & a_{13}=l_{11}u_{13} \\ a_{21}=l_{21}, & a_{22}=l_{21}u_{12}+l_{22}, & a_{23}=l_{21}u_{13}+l_{22}u_{23} \\ a_{31}=l_{31}, & a_{32}=l_{31}u_{12}+l_{32}, & a_{33}=l_{31}u_{13}+l_{32}u_{23}+l_{33} \end{cases} \tag{12}
$$

这样归结出的分解公式是一个关于变元 l_{ij}, u_{ij} 的非线性方程组。

为了求解线性方程组，运用矩阵分解方法所归结出的竟然是一个非线性方程组，这样处理合适吗？

其实这种疑虑是多余的。事实上，**如果对分解式(12)设计计算顺序，譬如逐行生成分解阵 L 和 U_1 的各个元素**（式(12)中用波纹线标志）

$$l_{11} \to u_{12} \to u_{13} \to l_{21} \to l_{22} \to u_{23} \to l_{31} \to l_{32} \to l_{33}$$

那么，它的每一步计算都是显示的，即

$$l_{11}=a_{11}, \quad u_{12}=a_{12}/l_{11}, \quad u_{13}=a_{13}/l_{11}$$
$$l_{21}=a_{21}, \quad l_{22}=a_{22}-l_{21}u_{12}, \quad u_{23}=(a_{23}-l_{21}u_{13})/l_{22}$$
$$l_{31}=a_{31}, \quad l_{32}=a_{32}-l_{31}u_{12}, \quad l_{33}=a_{33}-l_{31}u_{13}-l_{32}u_{23}$$

这一事实具有普遍意义，对于一般形式的矩阵分解 $A=LU_1$，这里 L 为下三角阵，U_1 为单位上三角阵，则所给方程组 $Ax=b$，即 $L(U_1x)=b$ 可化归为下三角方程组 $Ly=b$ 和单位上三角方程组 $U_1x=y$ 来求解。分解方式 $A=LU_1$ 称作矩阵 A 的 **Crout 分解**。

基于矩阵 A 的 Crout 分解，方程组 $Ax=b$，即

$$\sum_{j=1}^{n} a_{ij}x_j = b_i, \quad i=1,2,\cdots,n$$

的求解分为三个环节。

算法 6.3[①] （矩阵分解方法）

（1）预处理

施行 Crout 分解 $A=LU_1$：对于 $i=1,2,\cdots,n$，计算

$$l_{ij} = a_{ij} - \sum_{k=1}^{j-1} l_{ik}u_{kj}, \quad j=1,2,\cdots,i$$

$$u_{ij} = \left(a_{ij} - \sum_{k=1}^{j-1} l_{ik}u_{kj}\right)\Big/l_{ii}, \quad j=i+1,i+2,\cdots,n$$

（2）追的过程

解下三角方程组 $Ly=b$，即

$$\sum_{j=1}^{i} l_{ij}y_j = b_i, \quad i=1,2,\cdots,n$$

回代公式为

$$y_i = \left(b_i - \sum_{j=1}^{i-1} l_{ij}y_j\right)\Big/l_{ii}, \quad i=1,2,\cdots,n$$

（3）赶的过程

解单位上三角方程组 $U_1 x=y$，即

$$x_i + \sum_{j=i+1}^{n} u_{ij}x_j = y_i, \quad i=1,2,\cdots,n$$

回代公式为

$$x_i = y_i - \sum_{j=i+1}^{n} u_{ij}x_j, \quad i=n,n-1,\cdots,1$$

由此看出，求解一般方程组的矩阵分解方法，其设计机理和设计方法与三对角方程组的追赶法如出一辙。

类似于 $A=LU_1$，还可以再考虑 $A=L_1U$ 的分解方式，这里 U 为上三角阵，L_1 为单位下三角阵，如对于 3 阶矩阵 A，有

$$\begin{bmatrix} a_{11} & a_{12} & a_{13} \\ a_{21} & a_{22} & a_{23} \\ a_{31} & a_{32} & a_{33} \end{bmatrix} = \begin{bmatrix} 1 & & \\ l_{21} & 1 & \\ l_{31} & l_{32} & 1 \end{bmatrix} \begin{bmatrix} u_{11} & u_{12} & u_{13} \\ & u_{22} & u_{23} \\ & & u_{33} \end{bmatrix}$$

仿照 LU_1 分解的处理方法，基于 L_1U 分解同样可以设计出求解方程组 $Ax=b$ 的广义的追赶法，其演绎过程请读者自行补充。

———

[①] 本章约定，和式 $\sum_{j=m}^{l}(\cdot)$ 当 $l<m$ 时其值为0，譬如 $\sum_{j=1}^{0}(\cdot)$ 和 $\sum_{j=n+1}^{n}(\cdot)$ 都是虚设的项，可删除。

6.4　Cholesky 方法

1. 对称阵的 LL^T 分解

称矩阵 A 是**对称的**,如果其转置阵 $A^T = A$。系数阵 A 为对称阵的线性方程组 $Ax = b$ 称作**对称方程组**。

由于三角方程组的求解是简单的,自然希望将对称方程组 $Ax = b$ 加工成三角方程组来求解,为此需要将系数矩阵 A 分解成下三角阵 L 与上三角阵 U 的乘积 $A = LU$(见图 6.3)。这时由 $A^T = A$ 有 $U^T L^T = LU$,因此应取 $U = L^T$,即令

$$A = LL^T$$

这种设计方法是否合适呢? 对于 $n = 1$ 的平凡情形,上述分解公式退化为

$$a = l \cdot l$$

的形式,据此知 $l = \sqrt{a}$。由此可见,矩阵分解 $A = LL^T$ 中含有开方运算。对称阵 A 的 LL^T 分解因此被称作**平方根法**。

平方根法由于含有开方运算而实用价值不大,其矩阵分解过程留作习题供读者自行练习。

2. 对称阵的 Cholesky 分解

为避免开方运算,可采取如下分解方案:

$$A = L_1 D L_1^T$$

这里 D 为对角阵,L_1 为单位下三角阵,矩阵分解 $A = L_1 D L_1^T$ 如图 6.4 所示,图中齿形线表示对角元素全为 1。对称阵的这种分解方式称作 **Cholesky 分解**。

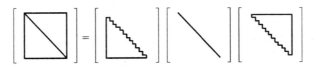

图 6.4　Cholesky 分解示意图

这种设计方法是否有效呢? 对于 $n = 1$ 的平凡情形,分解公式 $A = L_1 D L_1^T$ 退化为

$$a = 1 \cdot d \cdot 1$$

的形式,据此立即定出 $d = a$,这里确实不含开方运算。

为了具体显示这种分解过程,再考察 3 阶矩阵

$$\begin{bmatrix} a_{11} & a_{21} & a_{31} \\ a_{21} & a_{22} & a_{32} \\ a_{31} & a_{32} & a_{33} \end{bmatrix} = \begin{bmatrix} 1 & & \\ l_{21} & 1 & \\ l_{31} & l_{32} & 1 \end{bmatrix} \begin{bmatrix} d_1 & & \\ & d_2 & \\ & & d_3 \end{bmatrix} \begin{bmatrix} 1 & l_{21} & l_{31} \\ & 1 & l_{32} \\ & & 1 \end{bmatrix}$$

按矩阵乘法规则展开,注意到所给矩阵的对称性,可列出方程组

$$\begin{cases} a_{11} = d_1 \\ a_{21} = d_1 l_{21}, \quad a_{22} = d_1 l_{21}^2 + d_2 \\ a_{31} = d_1 l_{31}, \quad a_{32} = d_1 l_{21} l_{31} + d_2 l_{32}, \quad a_{33} = d_1 l_{31}^2 + d_2 l_{32}^2 + d_3 \end{cases}$$

据此可**逐行**求出分解阵 L_1 与 D 的各个元素:

$$d_1 = a_{11}$$
$$l_{21} = a_{21}/d_1, \quad d_2 = a_{22} - d_1 l_{21}^2$$
$$l_{31} = a_{31}/d_1, \quad l_{32} = (a_{32} - d_1 l_{21} l_{31})/d_2, \quad d_3 = a_{33} - d_1 l_{31}^2 - d_2 l_{32}^2$$

进一步推广到 n 阶方阵的一般情形。这时对称阵的 Cholesky 分解 $A = L_1 DL_1^{\mathrm{T}}$ 具有如下形式:

$$\begin{bmatrix} a_{11} & & & & & \\ a_{21} & a_{22} & & 对 & & \\ a_{31} & a_{32} & a_{33} & & 称 & \\ \vdots & \vdots & \ddots & \ddots & & \\ a_{n1} & a_{n2} & \cdots & & a_{n,n-1} & a_{nn} \end{bmatrix}$$

$$= \begin{bmatrix} 1 & & & & \\ l_{21} & 1 & & & \\ l_{31} & l_{32} & 1 & & \\ \vdots & \vdots & \ddots & \ddots & \\ l_{n1} & l_{n2} & \cdots & l_{n,n-1} & 1 \end{bmatrix} \begin{bmatrix} d_1 & & & & \\ & d_2 & & & \\ & & d_3 & & \\ & & & \ddots & \\ & & & & d_n \end{bmatrix} \begin{bmatrix} 1 & l_{21} & l_{31} & \cdots & l_{n1} \\ & 1 & l_{32} & \cdots & l_{n2} \\ & & \ddots & \ddots & \vdots \\ & & & 1 & l_{n,n-1} \\ & & & & 1 \end{bmatrix}$$

将上式按矩阵乘法规则展开,左端的元素 $a_{ij}(j \leqslant i)$ 等于 L_1 的第 i 行与 DL_1^{T} 的第 j 列的乘积

$$a_{ij} = (l_{i1}, l_{i2}, \cdots, l_{i,j-1}, l_{ij}, l_{i,j+1}, \cdots, l_{i,i-1}, 1, 0, \cdots, 0)$$
$$\times (d_1 l_{j1}, d_2 l_{j2}, \cdots, d_{j-1} l_{j,j-1}, d_j, 0, \cdots, 0)^{\mathrm{T}}$$
$$= \sum_{k=1}^{j-1} d_k l_{ik} l_{jk} + l_{ij} d_j$$
$$a_{ii} = \sum_{k=1}^{i-1} d_k l_{ik}^2 + d_i$$

据此可**逐行**定出分解阵 L_1 与 D 的元素:

$$\begin{cases} l_{ij} = \left(a_{ij} - \sum_{k=1}^{j-1} d_k l_{ik} l_{jk}\right)\Big/ d_j, \quad j = 1, 2, \cdots, i-1 \\ d_i = a_{ii} - \sum_{k=1}^{i-1} d_k l_{ik}^2, \quad i = 1, 2, \cdots, n \end{cases} \tag{13}$$

由此可见,与对称阵的 $\boldsymbol{LL}^\mathrm{T}$ 分解不同,**Cholesky 分解确实不再含有开方运算**。

可以证明,如果所给对称阵 $\boldsymbol{A}$ 是所谓正定阵[①],那么分解公式(13)的除数 d_i 全不为 0,这时 Cholesky 分解的计算过程不会中断。

基于对称正定阵 $\boldsymbol{A}$ 的 Cholesky 分解 $\boldsymbol{A} = \boldsymbol{L}_1 \boldsymbol{DL}_1^\mathrm{T}$,所给方程组 $\boldsymbol{Ax} = \boldsymbol{b}$,即

$$\boldsymbol{L}_1 (\boldsymbol{DL}_1^\mathrm{T} \boldsymbol{x}) = \boldsymbol{b}$$

化归为如下两个三角方程组:

$$\boldsymbol{L}_1 \boldsymbol{y} = \boldsymbol{b}, \quad \boldsymbol{L}_1^\mathrm{T} \boldsymbol{x} = \boldsymbol{D}^{-1} \boldsymbol{y}$$

其求解公式分别为

$$y_i = b_i - \sum_{j=1}^{i-1} l_{ij} y_j, \quad i = 1, 2, \cdots, n \tag{14}$$

$$x_i = \frac{y_i}{d_i} - \sum_{j=i+1}^{n} l_{ji} x_j, \quad i = n, n-1, \cdots, 1 \tag{15}$$

基于 Cholesky 分解 $\boldsymbol{A} = \boldsymbol{L}_1 \boldsymbol{DL}_1^\mathrm{T}$ 求解对称方程组 $\boldsymbol{Ax} = \boldsymbol{b}$ 的这种方法通常称作 **Cholesky 方法**。

算法 6.4　（对称方程组的 Cholesky 方法）

（1）预处理

施行矩阵分解 $\boldsymbol{A} = \boldsymbol{L}_1 \boldsymbol{DL}_1^\mathrm{T}$,即依式(13)对 $i = 1, 2, \cdots, n$ 依次计算 $l_{i1}, l_{i2},$ $\cdots, l_{i,i-1}$ 与 d_i。

（2）追的过程

求解单位下三角方程组 $\boldsymbol{L}_1 \boldsymbol{y} = \boldsymbol{b}$,即依式(14)顺序计算 $y_1, y_2, \cdots, y_n$。

（3）赶的过程

求解单位上三角方程组 $\boldsymbol{L}_1^\mathrm{T} \boldsymbol{d} = \boldsymbol{D}^{-1} \boldsymbol{y}$,即依式(15)递序求解 $x_n, x_{n-1}, \cdots,$ x_1。

不难知道,运用 Cholesky 方法求解 n 阶对称正定方程组,其总运算量约为 $\frac{1}{6} n^3$ 次乘除操作。

---

① 正定阵的定义可看高等代数或矩阵论的有关书籍.

6.5 Gauss 消去法

正如 6.1 节和 6.2 节处理三对角方程组那样，线性方程组的求解既可以运用矩阵分解法，也可直接借助于人们所熟悉的消元法。这两种方法其实是等价的。6.3 节已讨论过一般方程组的矩阵分解方法，下面再针对一般方程组考察消元法。

1. Gauss 消去法的设计思想

人们都很熟悉求解线性方程组的消去法。消去法是一种古老的方法，但用在现代计算机上依然十分有效。

消去法的设计思想是，通过将一个方程乘以或除以某个常数，以及将两个方程相加减这两种手续，逐步消去方程中的变元，而将所给方程组化为便于求解的三角方程组乃至对角方程组的形式。

首先考察 3 阶方程组

$$\begin{cases} a_{11}x_1 + a_{12}x_2 + a_{13}x_3 = b_1 \\ a_{21}x_1 + a_{22}x_2 + a_{23}x_3 = b_2 \\ a_{31}x_1 + a_{32}x_2 + a_{33}x_3 = b_3 \end{cases} \tag{16}$$

现在逐行施行消元手续。

第 1 步，先将方程 $(16)_1$ 中 x_1 的系数化为 1，使之变成

$$x_1 + a_{12}^{(1)}x_2 + a_{13}^{(1)}x_3 = b_1^{(1)}$$

然后利用它从方程组 (16) 的其余方程中消去 x_1，归结为关于变元 x_2, x_3 的 2 阶方程组

$$\begin{cases} a_{22}^{(1)}x_2 + a_{23}^{(1)}x_3 = b_2^{(1)} \\ a_{32}^{(1)}x_2 + a_{33}^{(1)}x_3 = b_3^{(1)} \end{cases} \tag{17}$$

第 2 步，再将方程 $(17)_1$ 中 x_2 的系数化为 1，使之变成

$$x_2 + a_{23}^{(2)}x_3 = b_2^{(2)}$$

然后利用它从方程 $(17)_2$ 中消去 x_2，结果求出

$$x_3 = b_3^{(3)}$$

这样，所给方程组 (16) 被加工成如下形式：

$$\begin{cases} x_1 + a_{12}^{(1)}x_2 + a_{13}^{(1)}x_3 = b_1^{(1)} \\ x_2 + a_{23}^{(2)}x_3 = b_2^{(2)} \\ x_3 = b_3^{(3)} \end{cases}$$

这是一个单位上三角方程组，如前所述，通过回代过程容易求出它的解。

求解线性方程组的上述方法,其基本思想是将所给线性方程组通过消元手续化为单位上三角方程组。这种方法称作 **Gauss 消去法**。

2. Gauss 消去法的计算步骤

进而考察一般形式的线性方程组

$$\sum_{j=1}^{n} a_{ij}x_j = b_i, \quad i = 1,2,\cdots,n \tag{18}$$

其 Gauss 消去法分为消元过程与回代过程两个环节。

(1) 消元过程

第 1 步,将方程 $(18)_1$ 中变元 x_1 的系数化为 1,使之变成

$$x_1 + \sum_{j=2}^{n} a_{1j}^{(1)} x_j = b_1^{(1)}$$

式中

$$\begin{cases} a_{1j}^{(1)} = a_{1j}/a_{11}, \quad j=2,3,\cdots,n \\ b_1^{(1)} = b_1/a_{11} \end{cases}$$

然后利用它从方程组 (18) 的其余方程中消去 x_1,将它们化为关于变元 $x_2,x_3,\cdots,x_n$ 的 $n-1$ 阶方程组(较原方程组降了一阶)

$$\sum_{j=2}^{n} a_{ij}^{(1)} x_j = b_i^{(1)}, \quad i = 2,3,\cdots,n \tag{19}$$

为此所要施行的运算手续是

$$\begin{cases} a_{ij}^{(1)} = a_{ij} - a_{i1}a_{1j}^{(1)}, \\ b_i^{(1)} = b_i - a_{i1}b_1^{(1)}, \end{cases} \quad i,j=2,3,\cdots,n$$

如此继续下去,经过 $k-1$ 步消元以后,依次得出 $k-1$ 个方程

$$x_i + \sum_{j=i+1}^{n} a_{ij}^{(i)} x_j = b_i^{(1)}, \quad i = 1,2,\cdots,k-1$$

和关于变元 $x_j (j=k,k+1,\cdots,n)$ 的 $n-k+1$ 阶方程组

$$\sum_{j=k}^{n} a_{ij}^{(k-1)} x_j = b_i^{(k-1)}, \quad i = k,k+1,\cdots,n \tag{20}$$

第 k 步,进一步将方程组 (20) 化为

$$\begin{cases} x_k + \sum_{j=k+1}^{n} a_{kj}^{(k)} x_j = b_k^{(k)} \\ \sum_{j=k+1}^{n} a_{ij}^{(k)} x_j = b_i^{(k)}, \quad i = k+1,k+2,\cdots,n \end{cases}$$

的形式,式中

$$\begin{cases} a_{kj}^{(k)} = a_{kj}^{(k-1)}/a_{kk}^{(k-1)}, & j = k+1, k+2, \cdots, n \\ b_k^{(k)} = b_k^{(k-1)}/a_{kk}^{(k-1)} \end{cases} \tag{21}$$

而

$$\begin{cases} a_{ij}^{(k)} = a_{ij}^{(k-1)} - a_{ik}^{(k-1)} a_{kj}^{(k)}, \\ b_i^{(k)} = b_i^{(k-1)} - a_{ik}^{(k-1)} b_k^{(k)}, \end{cases} \quad i, j = k+1, k+2, \cdots, n \tag{22}$$

上述消元手续做 n 步以后,所给方程组(18)被化为如下形式:

$$x_i + \sum_{j=i+1}^{n} a_{ij}^{(i)} x_j = b_i^{(i)}, \quad i = 1, 2, \cdots, n \tag{23}$$

(2) 回代过程

方程组(23)即

$$\begin{cases} x_1 + a_{12}^{(1)} x_2 + a_{13}^{(1)} x_3 + \cdots + a_{1n}^{(1)} x_n = b_1^{(1)} \\ x_2 + a_{23}^{(2)} x_3 + \cdots + a_{2n}^{(2)} x_n = b_2^{(2)} \\ \vdots \\ x_{n-1} + a_{n-1,n}^{(n-1)} x_n = b_{n-1}^{(n-1)} \\ x_n = b_n^{(n)} \end{cases}$$

的求解很方便,自下而上逐步回代即得所求的解为

$$\begin{cases} x_n = b_n^{(n)} \\ x_i = b_i^{(i)} - \sum_{j=i+1}^{n} a_{ij}^{(i)} x_j, & i = n-1, n-2, \cdots, 1 \end{cases} \tag{24}$$

算法 6.5 (线性方程组的 Gauss 消去法)

步骤 1 对 $k = 1, 2, \cdots, n$ 反复执行算式(21)、(22),确定出方程组(23)的系数 $a_{ij}^{(i)}, b_i^{(i)}$。

步骤 2 依据式(24)求出解 x_i。

现在统计 Gauss 消去法的计算量。由于计算机上乘除操作通常比加减操作耗时多,因此,如果加减运算的次数与乘除运算的次数相差不大,可以只统计乘除运算的次数作为计算量。对于 Gauss 消去法,其消元过程的计算量为

$$\sum_{k=1}^{n-1} \left[(n-k)^2 + 2(n-k) \right] = \frac{1}{3} n^3 + \frac{1}{2} n^2 - \frac{5}{6} n$$

而回代过程的计算量为

$$\sum_{k=1}^{n} (n-k+1) = \frac{1}{2} n^2 + \frac{1}{2} n$$

由此可见,当 n 充分大时,Gauss 消去法的总计算量约为 $\frac{1}{3} n^3$ 次乘除运算。

再强调一下，线性方程组的两种解法——矩阵分解法与 Gauss 消去法其实是殊途同归的。不难看出，这里归结出的式(23)其实就是算法 6.3 中的上三角方程组 $U_1 x = y$。

3. 选主元素

再考察 Gauss 消去法的消元过程，可以看到，其第 k 步要用 $a_{kk}^{(k-1)}$ 做除法，这就要求保证它们全不为 0。什么样的矩阵能保证满足这项要求呢？

上一章 5.4 节已介绍过对角占优阵的概念。称 n 阶方阵 $A = [a_{ij}]_{n \times n}$ 是**对角占优**的，如果其主对角元素的绝对值大于同行其他元素绝对值之和，即

$$|a_{ii}| > \sum_{\substack{j=1 \\ j \neq i}}^{n} |a_{ij}|, \quad i = 1, 2, \cdots, n$$

定理 2　如果方程组(18)是对角占优的，则按式(21)、式(22)求出的 $a_{kk}^{(k-1)}$($k = 1, 2, \cdots, n$)全不为 0。

证　先考察消元过程的第 1 步。因方程组(18)为对角占优，有

$$|a_{11}| > \sum_{j=2}^{n} |a_{1j}| \tag{25}$$

故 $a_{11}^{(0)} = a_{11} \neq 0$。又据式(21)、式(22)知

$$a_{ij}^{(1)} = a_{ij} - \frac{a_{i1} a_{1j}}{a_{11}}, \quad i, j = 2, 3, \cdots, n \tag{26}$$

于是

$$\sum_{\substack{j=2 \\ j \neq i}}^{n} |a_{ij}^{(1)}| \leqslant \sum_{\substack{j=2 \\ j \neq i}}^{n} |a_{ij}| + \frac{|a_{i1}|}{|a_{11}|} \sum_{\substack{j=2 \\ j \neq i}}^{n} |a_{1j}|$$

$$= \sum_{\substack{j=2 \\ j \neq i}}^{n} |a_{ij}| - |a_{i1}| + \frac{|a_{i1}|}{|a_{11}|} \left(\sum_{j=2}^{n} |a_{1j}| - |a_{1i}| \right)$$

再利用所给方程组的对角占优性，由上式可进一步得

$$\sum_{\substack{j=2 \\ j \neq i}}^{n} |a_{ij}^{(1)}| < |a_{ii}| - |a_{i1}| + \frac{|a_{i1}|}{|a_{11}|} (|a_{11}| - |a_{1i}|)$$

$$= |a_{ii}| - \frac{|a_{i1}| |a_{1i}|}{|a_{11}|}$$

又据式(26)，有

$$|a_{ii}^{(1)}| = \left| a_{ii} - \frac{a_{i1} a_{1i}}{a_{11}} \right| \geqslant |a_{ii}| - \frac{|a_{i1}| |a_{1i}|}{|a_{11}|}$$

故有

$$\sum_{\substack{j=2 \\ j \neq i}}^{n} |a_{ij}^{(1)}| < |a_{ii}^{(1)}|, \quad i = 2, 3, \cdots, n$$

这说明消元过程第 1 步所归结出的方程组(19)同样是对角占优的,从而又有 $a_{22}^{(1)}$ $\neq 0$,依此类推即可断定一切 $a_{kk}^{(k-1)}$ 全不为 0。证毕。

一般线性方程组使用 Gauss 消去法求解时,即使 $a_{kk}^{(k-1)}$ 不为 0,但如果其绝对值很小,舍入误差的影响也会严重地损失精度。所以,实际计算时必须预防这类情况发生。

例 1 考察方程组

$$\begin{cases} 10^{-5}x_1 + x_2 = 1 \\ x_1 + x_2 = 2 \end{cases} \tag{27}$$

设用 Gauss 消去法求解。先用 10^{-5} 除方程(27)$_1$,然后利用它从方程(27)$_2$ 中消去 x_1,得

$$\begin{cases} x_1 + 10^5 x_2 = 10^5 \\ (1 - 10^5)x_2 = 2 - 10^5 \end{cases} \tag{28}$$

设取 4 位浮点十进制进行计算,以"$\approx$"表示**对阶舍入**的计算过程,则有

$$1 - 10^5 \approx -10^5$$
$$2 - 10^5 \approx -10^5$$

因而这时方程组(28)的实际形式是

$$\begin{cases} x_1 + 10^5 x_2 = 10^5 \\ x_2 = 1 \end{cases}$$

由此回代解出 $x_1 = 0, x_2 = 1$。

这个结果严重失真,究其根源,是由于所用的除数太小,使得方程(28)$_1$ 在消元过程中"吃掉"了方程(27)$_2$。避免这类错误的一种有效方法是,在消元前先**调整方程的次序**。设将方程组(27)改写为

$$\begin{cases} x_1 + x_2 = 2 \\ 10^{-5}x_1 + x_2 = 1 \end{cases}$$

再进行消元,得

$$\begin{cases} x_1 + x_2 = 2 \\ (1 - 10^{-5})x_2 = 1 - 2 \times 10^{-5} \end{cases}$$

这里 $1 - 10^{-5} \approx 1, 1 - 2 \times 10^{-5} \approx 1$,因而上述方程组的实际形式是

$$\begin{cases} x_1 + x_2 = 2 \\ x_2 = 1 \end{cases}$$

由此回代解出 $x_1 = x_2 = 1$。这个结果是正确的。

可以在 Gauss 消去法的消元过程中运用上述技巧。为此再考察第 k 步所要加工的方程组(20)。检查其中变元 x_k 的各个系数 $a_{kk}^{(k-1)}, a_{k+1,k}^{(k-1)}, \cdots, a_{nk}^{(k-1)}$,从中挑选出绝对值最大的一个,称作第 k 步的**主元素**。

设主元素在第 $l(k \leqslant l \leqslant n)$ 个方程,即

$$|a_{lk}^{(k-1)}| = \max_{k \leqslant i \leqslant n} |a_{ik}^{(k-1)}|$$

若 $l \neq k$,则先将第 l 个方程与第 k 个方程交换位置,使得新的 $a_{kk}^{(k-1)}$ 成为主元素,然后再着手消元,这一手续称作**选主元素**。

定理 3　设所给方程组(18)对称并且是对角占优的,则 $a_{kk}^{(k-1)}(k=1,2,\cdots,n)$ 全是主元素。

证　因为方程组(18)对称且为对角占优,据式(24)有

$$|a_{11}| > \sum_{i=2}^{n} |a_{i1}| \geqslant \max_{2 \leqslant i \leqslant n} |a_{i1}|$$

故 a_{11} 是主元素,再由式(26)有

$$a_{ij}^{(1)} = a_{ij} - \frac{a_{i1}a_{1j}}{a_{11}} = a_{ji} - \frac{a_{1i}a_{j1}}{a_{11}} = a_{ji}^{(1)}, \quad i,j=2,3,\cdots,n$$

因而所归结出的方程组(19)也是对称的。不难证明它也是对角占优的,故 $a_{22}^{(1)}$ 也是主元素。依此类推知,一切 $a_{kk}^{(k-1)}$ 全是主元素。

本 章 小 结

1. 作为本章核心内容的求解三对角方程组的追赶法,将三对角方程组的求解过程,加工成下二对角方程组与上二对角方程组两个简单求解过程的重叠,其中,下二对角方程组的求解是个顺序前进的追的过程,而上二对角方程组的求解则是一个逆序后退的赶的过程。一下一上,一顺一逆,一追一赶,一进一退,相反相成。

2. 追赶法的设计思想对一般形式的线性方程组 $\boldsymbol{Ax} = \boldsymbol{b}$ 也同样是有效的。记 $\boldsymbol{L},\boldsymbol{U}$ 分别为下三角阵与上三角阵,$\boldsymbol{L_1}$ 与 $\boldsymbol{U_1}$ 分别表示单位下三角阵和单位上三角阵,那么矩阵 $\boldsymbol{A}$ 的三角分解 $\boldsymbol{A} = \boldsymbol{LU}$ 有 $\boldsymbol{A} = \boldsymbol{LU_1}$ 和 $\boldsymbol{A} = \boldsymbol{L_1U}$ 两种方式。矩阵三角分解的两种方式 $\boldsymbol{A} = \boldsymbol{LU_1}$ 与 $\boldsymbol{A} = \boldsymbol{L_1U}$ 又可统一地表示为 $\boldsymbol{A} = \boldsymbol{L_1DU_1}$ 的形式,这里 $\boldsymbol{D}$ 为对角阵。

3. 比较**矩阵分解技术** $\boldsymbol{A} = \boldsymbol{L_1DU_1}$ 与第 5 章的**矩阵分裂技术** $\boldsymbol{A} = \boldsymbol{L_0} + \boldsymbol{D} + \boldsymbol{U_0}$ 是有趣的:前者用矩阵乘法,后者用矩阵加法,前者 $\boldsymbol{L_1},\boldsymbol{U_1}$ 的主对角元素全为 1,后者 $\boldsymbol{L_0},\boldsymbol{U_0}$ 的主对角元素全为 0。可见,这两种处理手续互为反手续。

在这种意义上可以认为,求解线性方程组的直接法和迭代法互为反方法。

最后对后 3 章(第 4 章至第 6 章)作个概括。

4. 法国数学家 Descartes 是一位伟大的思想家,他所提出的一种解题方案被后世誉为"万能法则",这个解题方案包含如下三个层次:

(1) 将实际问题化归为数学问题;

（2）将数学问题化归为代数问题；

（3）将代数问题化归为解方程。

基于这一解题方案,本书前 3 章(第 1 章至第 3 章)已将微积分方法化归为代数问题乃至于解方程,后 3 章(第 4 章至第 6 章)则致力于讨论方程的解法。

第 4 章考察函数方程。

函数方程 $f(x)=0$ 的解 x^* 也可理解为函数 $f(x)$ 的零点,在这个意义上,函数方程的求解从属于数值微积分的范畴,可见前 3 章与后 3 章是衔接的。

函数方程通常是非线性的。与线性方程比较,非线性方程的求解有着实质性的困难。求解非线性方程的基本方法是迭代法,其基本策略是逐步线性化。基于微积分知识,用线性主部替代函数 $f(x)$,再运用校正技术,容易推导出函数方程的核心算法——Newton 法。

线性方程组是人们所熟知的计算模型。求解线性方程组的困难在于,它的诸多变元被系数矩阵"捆绑"在一起,因而是隐式的。不过,作为特例,三角方程组的变元却是有序排列,容易列出递推型的求解公式。求解线性方程组的基本策略是化归为三角方程组。

线性方程组的解法分直接法与迭代法两大类。第 5 章的迭代法运用矩阵分裂技术,通过某种三角方程组的解逐步逼近所求的解。

迭代法是否有效取决于它的收敛性,然而收敛性的判别往往是困难的。单个线性方程极为简单而平凡,似乎没有研究价值。其实,这个简单模型深刻地揭示了迭代收敛的判定条件。

第 6 章讨论线性方程组的直接法。直接法通过矩阵分解技术,经过有限步计算直接将所给线性方程组化归为三角方程组。三角方程组分上、下三角方程组两种类型,其求解过程分别称作追的过程与赶的过程。两者相反相成,一追一赶或者一赶一追,追和赶两者合成即可直接生成所求的解。

概括地说,方程求解的基本策略是递推化,即将函数方程或线性方程组化归为一系列递推算式。

习 题

1. 用追赶法求解下列方程组：

$$
\begin{bmatrix}
2 & -1 & & \\
-1 & 3 & -2 & \\
 & -1 & 2 & -1 \\
 & & -3 & 5
\end{bmatrix}
\begin{bmatrix}
x_1 \\ x_2 \\ x_3 \\ x_4
\end{bmatrix}
=
\begin{bmatrix}
6 \\ 1 \\ 0 \\ 1
\end{bmatrix}
$$

2. 设矩阵

$$A=\begin{bmatrix} a_1 & 1 & & & \\ 1 & a_2 & 1 & & \\ & \ddots & \ddots & \ddots & \\ & & 1 & a_{n-1} & 1 \\ & & & 1 & a_n \end{bmatrix}$$

试导出形如 $A=L_1DL_1^T$ 的分解公式,这里 L_1 为单位下二对角阵,D 为对角阵。

3. 试将下列三对角阵

$$A=\begin{bmatrix} 1 & 1 & & & \\ 1 & 2 & 1 & & \\ & 1 & 3 & 1 & \\ & & 1 & 4 & 1 \\ & & & 1 & 5 \end{bmatrix}$$

分解为 $L_1DL_1^T$ 的形式,其中 L_1 为单位下二对角阵,D 为对角阵。

4. 证明:若 6.1 节的方程组(4)按下述意义为对角占优:

$$\begin{cases} |b_1|>|c_1| \\ |b_i|\geqslant|a_i|+|c_i|, & a_ic_i\neq0, \quad i=2,3,\cdots,n-1 \\ |b_n|>|a_n| \end{cases}$$

则定理 1 的论断依然正确。

5. 将矩阵

$$A=\begin{bmatrix} 3 & 2 & 3 \\ 2 & 2 & 0 \\ 3 & 0 & 12 \end{bmatrix}$$

分解为 LL^T,这里 L 为对角线元素为正的下三角阵。

6. 用 Cholesky 方法求解方程组

$$\begin{cases} 4x_1-2x_2+4x_3=8.7 \\ -2x_1+17x_2+10x_3=13.7 \\ 4x_1+10x_2+9x_3=-0.7 \end{cases}$$

7. 用矩阵分解方法求解方程组

$$\begin{bmatrix} 5 & 7 & 9 & 10 \\ 6 & 8 & 10 & 9 \\ 7 & 10 & 8 & 7 \\ 5 & 7 & 6 & 5 \end{bmatrix}\begin{bmatrix} x_1 \\ x_2 \\ x_3 \\ x_4 \end{bmatrix}=\begin{bmatrix} 1 \\ 1 \\ 1 \\ 1 \end{bmatrix}$$

8. 用 Gauss 消去法求解下列方程组:

(1) $\begin{cases} x_1-2x_2=3 \\ 2x_1+x_2=4 \end{cases}$

(2) $\begin{cases} 3x_1 - x_2 + 2x_3 = -3 \\ x_1 + x_2 + x_3 = -4 \\ 2x_1 + x_2 - x_3 = -3 \end{cases}$

第7章　Walsh 演化分析

著名数学家 J. L. Walsh(1895—1973)是美国科学院院士,曾任美国数学学会主席。他于 1923 年提出了一个正交函数系——被称为 Walsh 函数系。

Walsh 函数的一个显著特点是取值简单,它们仅取 ±1 两个值,因而可以方便地利用开关元件产生和处理数字信号。以 Walsh 函数为基底的线性变换称作 Walsh 变换。

Walsh 函数虽然仅取 ±1 两个值,它的数学表达式却很复杂,直接依据表达式绘制函数图形很困难,而且函数"几乎"处处不连续,微积分方法难以对它施展身手。从经典数学的观点看,Walsh 函数是一类"怪异函数"。

由于 Walsh 函数应用广泛,应用数学家 H. F. Harmuth 曾竭力鼓吹:

"Walsh 分析的研究将导致一场革命,就像十七八世纪的微积分那样。"

然而尽管 20 世纪 70 年代多次召开有关"Walsh 分析的理论与应用"国际会议,但人们对 Walsh 函数始终是一片迷茫。H. F. Harmuth 所建立的所谓 Walsh 函数的"序率理论"远比三角函数的频率理论复杂,这种学说不仅没有激起人们更大的热情,反而在客观上泼了冷水。

"真"是"美"的反光。有着广泛应用的 Walsh 函数为什么不美呢?

7.1　百年绝唱三首数学诗

简朴是数学美的一个重要标记。数学的目的就是追求简单性。微积分的逼近法是数学美的光辉典范。

1. 微积分的逼近法

经典数学的基础是微积分。从微积分的观点看,在一切函数中,以多项式最为简单。能否用简单的多项式来逼近一般函数呢? 众所周知的 Taylor 分析 (1715 年)肯定了这一事实。Taylor 级数

$$f(x) \sim \sum_{k=0}^{\infty} \frac{f^{(k)}(x_0)}{k!}(x-x_0)^k$$

表明,一般的光滑函数 $f(x)$ 可用多项式来近似地刻画。Taylor 分析是 18 世纪初的一项重大的数学成就。

然而 Taylor 分析存在严重的缺陷：它的条件很苛刻，要求 $f(x)$ 足够光滑并提供出它的各阶导数值 $f^{(k)}(x_0)$；此外，Taylor 分析的整体逼近效果差，它仅能保证在展开点 x_0 的某个邻域内有效。

时移物换，百年之后 Fourier 指出，"任何函数，无论怎样复杂，均可表示为三角级数的形式"：

$$f(x) \sim \frac{a_0}{2} + \sum_{k=1}^{\infty}(a_k\cos 2\pi kx + b_k\sin 2\pi kx), \quad 0 \leqslant x < 1$$

这就是今日被称作"Fourier 分析"的数学方法。著名数学家 M. Kline 评价这一数学成就是"19 世纪数学的第一大步，并且是真正极为重要的一步"。

Fourier 关于任意函数都可以表达为三角级数这一思想被誉为"数学史上最大胆、最辉煌的概念"。

Fourier 的成就使人们从 Taylor 分析的理想函数类中解放出来。Fourier 分析不仅放宽了光滑性的限制，还保证了整体的逼近效果。

从数学美的角度来看，Fourier 分析也比 Taylor 分析更美，其基函数系——三角函数系是一个完备的正交函数系。尤其值得注意的是，这个函数系可以视作是由一个简单函数 $\cos x$ 经过简单的伸缩平移变换加工而成的。Fourier 分析表明，任何复杂函数都可以借助于简单函数 $\cos x$ 来刻画，即

$$\cos x \xrightarrow{\text{伸缩}+\text{平移}} \text{三角函数系} \xrightarrow{\text{组合}} \text{任意函数 } f(x)$$

这是一个惊人的事实。在这里，被逼近函数 $f(x)$ 的"繁"与逼近工具 $\cos x$ 的"简"两者反差很大，因此 Fourier 逼近很美。Fourier 分析在数学史上被誉为"一首数学的诗"，Fourier 则有"数学诗人"的美称。

2. Walsh 函数的复杂性

1923 年，美国数学家 J. L. Walsh 又提出了一个完备的正交函数系，后人将其称作 Walsh 函数系。第 k 族 Walsh 函数含有 2^k 个函数，其中第 i 个函数 W_{ki} 有如下解析表达式：

$$W_{ki}(x) = \prod_{r=0}^{k-1}\text{sgn}[\cos i, 2^r \pi x], \quad 0 \leqslant x < 1,$$
$$k = 0, 1, 2, \cdots, \quad i = 0, 1, \cdots, 2^k - 1$$

式中，sgn 是**符号函数**，当 $x \geqslant 0$ 时 sgn$[x]$ 取值 $+1$，而 $x < 0$ 时取值 -1。又 i_r 取值 0 或 1 是序数 i 的二进制码

$$i = \sum_{r=0}^{k-1}i_r 2^r$$

这样，按定义知，Walsh 函数 $W_{ki}(x)$ 的作图手续应分为三个步骤：

第 1 步,将序数 i 表示为二进制码 $i_{k-1}i_{k-2}\cdots i_0$。

第 2 步,逐步作出 k 个余弦函数 $\cos i_r 2^r \pi x, r=0,1,\cdots,k-1$ 的图形。

第 3 步,将 $\cos i_r 2^r \pi x$ 取符号 sgn 并累乘求积生成 $W_{ki}(x)$。

譬如,第 4 族 Walsh 函数含有 16 个函数 $W_{ki}(x)$,$i=0,1,\cdots,15$,试考察其中的 $W_{4,15}(x)$。注意到序数 15 的二进制码为 1111,因此有

$$W_{4,15}(x)=(\operatorname{sgn}\cos 8\pi x)(\operatorname{sgn}\cos 4\pi x)(\operatorname{sgn}\cos 2\pi x)(\operatorname{sgn}\cos \pi x)$$

图 7.1 列出前面 16 个 Walsh 函数的波形。其中,第 1 个(标号 0)组成第 0 族,前两个(标号 0 与 1)组成第 1 族,前 4 个(标号 0,1,2,3)组成第 2 族,依次类推,前 16 个组成第 4 族 Walsh 函数。

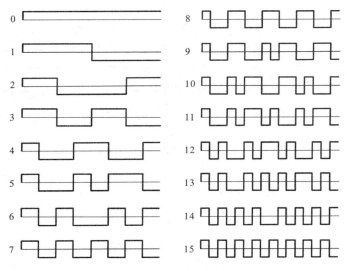

图 7.1 Walsh 函数波形图

3. Walsh 分析的数学美

后文将揭示出一个惊人的事实:表面看起来极其复杂的 Walsh 函数系,竟然是由一个简单得不能再简单的方波 $R(x)=1$ 演化生成的。实际上,从方波 $R(x)$ 出发,经过伸缩、平移的二分手续,即可演化生成 Walsh 函数系。Walsh 函数系是一个完备的正交函数系,它可以用来逼近一般的复杂函数。这样,Walsh 逼近有下述路线图:

$$R(x)=1 \xrightarrow[\text{(二分手续)}]{\text{伸缩+平移}} \text{Walsh 函数系} \xrightarrow{\text{组合}} \text{复杂函数 } f(x)$$

与 Fourier 分析相比,Walsh 分析更为简洁,它表明,在某种意义上,任何复杂函数 $f(x)$ 都是简单的方波 $R(x)=1$ 二分演化的结果。

综上所述，数学史上近三个世纪提出的三种逼近方法，即 18 世纪初（1715年）的 Taylor 分析、19 世纪初（1822 年）的 Fourier 分析和 20 世纪初（1923 年）的 Walsh 分析，它们是数学美的光辉典范，是"百年绝唱三首数学诗"。

这些逼近工具一个比一个更美。Fourier 分析具有深度的数学美，而 Walsh 分析则具有**极度的数学美**。

问题在于，为了撩开 Walsh 函数玄妙而神秘的面纱，必须换一种思维方法进行考察。

7.2　二分演化模式

20 世纪的数学领域风雷激荡。以分形混沌为代表的现代数学对传统数学产生了猛烈的冲击。与传统数学不同，**现代数学是关于过程的数学而不是关于状态的数学，是关于演化的数学而不是关于存在的数学**。现代数学不再满足于孤立、静止地考察事物的某种状态，而是力图全面、系统地考察状态演变的全过程。现代数学的一个基本模式为如图 7.2 所示的**离散动力系统**。

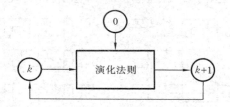

图 7.2　离散动力系统流程图

动力系统需要"动力"。那么，离散动力系统的演化法则该怎样设计呢？

按照唯物辩证法的观点，任何事物都有矛盾的两方面，而矛盾双方则具有"分"（相互排斥与分离）与"合"（彼此吸引与合成）两种倾向。这就是说，矛盾双方既是对立的又是统一的，"分"（一分为二）与"合"（合二为一）是事物演化的两种基本法则。

中国最古老的哲学经典《周易·系辞》精辟地指出："**一阖一辟谓之变，往来不穷谓之通**。"一辟一阖就是一分一合的意思。这句话概括出事物演化的一种基本模式——**二分演化模式**，其演化机制如图 7.3 所示，图中圆圈"○"表示事物的状态。

状态演化的二分机制，其每个进程含有"分"（辟）与"合"（阖）两个环节，即先运用**分裂法则**（图中用"＜"表示）从旧状态中分离出两种对立成分，然后再运用**合成法则**（图中用"＞"表示）将这两种对立成分合成为新的状态。这种始于"分"而终于"合"的每个进程，使事物从一个状态演变成一个新的状态。

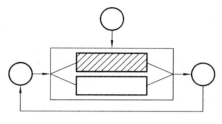

图 7.3 二分演化模式示意图

二分演化过程是一个循环往复、"往来不穷"的过程。图 7.3 的每个状态既是某个进程的始态，又是上一进程的终态。"始则终，终则始"，"始"和"终"也是对立的统一。运用这种思辨方式，可以轻而易举地破解 Walsh 函数的神秘性。

为此，先要将 Walsh 函数换一种表现形式。

7.3 Walsh 函数代数化

本节将限定在区间$[0,1)$上考察 Walsh 函数。由于自变量 x 在实际应用中通常代表时间，因此称区间$[0,1)$为**时基**。

1. 时基上的二分集

由图 7.1 可以看出，Walsh 函数是时基上的阶跃函数，每个 Walsh 函数在给定**分划**的每个子段上取定值$+1$或-1。怎样刻画 Walsh 函数所依赖的分划呢？

为便于刻画 Walsh 函数的跃变特征，首先引进二分集的概念。设将时基 $E_1 = [0,1)$对半二分，其左右两个子段合并为集 E_2，即

$$E_2 = \left[0, \frac{1}{2}\right) \cup \left[\frac{1}{2}, 1\right)$$

再将 E_2 的每个子段对半二分，又得到含有 4 个子段的区间集 E_4，即

$$E_4 = \left[0, \frac{1}{4}\right) \cup \left[\frac{1}{4}, \frac{1}{2}\right) \cup \left[\frac{1}{2}, \frac{3}{4}\right) \cup \left[\frac{3}{4}, 1\right)$$

如此二分下去，二分 n 次所得的区间集含有 $N = 2^n$ 个子段，即

$$E_N = \bigcup_{i=0}^{N-1} \left[\frac{i}{N}, \frac{i+1}{N}\right), \quad N = 1, 2, 4, \cdots$$

这样得出的区间集 E_N，$N = 1, 2, 4, \cdots$ 称作时基上的**二分集**（见图 7.4）。

在二分集的每个子段上取定值的函数称作二分集上的**阶跃函数**。阶跃函数在某一子段上的函数值称作**阶跃值**。

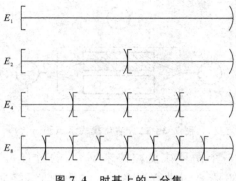

图 7.4　时基上的二分集

　　现在的问题是,如何在二分集的各个子段上布值＋1 与－1 以设计出一个完备的正交函数系。实际上,这种函数系就是 Walsh 函数系。

　　为规范起见,约定 Walsh 函数第一个阶跃值(即最左侧的子段上的函数值)为＋1,如图 7.1 所示。

　　在形形色色的 Walsh 函数中,最简单的自然是**方波**

$$R(x)=1, \quad 0 \leqslant x < 1$$

然而这个函数过于平凡而显得"空虚",其中似乎不含任何信息。"波"的含义是波动、起伏。按这种理解,时基上的方波似乎不能算作真正的"波"。具有波动性的最简单的波形是下列 Haar 波:

$$H(x)=\begin{cases} +1, & 0 \leqslant x < \dfrac{1}{2} \\ -1, & \dfrac{1}{2} \leqslant x < 1 \end{cases}$$

　　由图 7.1 知,方波与 Haar 波是 Walsh 函数系的源头。

2.　Walsh 函数的矩阵表示

　　Walsh 函数仅取＋1 与－1 两个值。为简约起见,后文常将＋1 与－1 简记为"＋"与"－"。

　　由于 Walsh 函数在二分集的每个子段上取值＋或－,因而它们可表示为某个向量,而第 n 族 Walsh 函数的全体则可表达为一个 $N=2^n$ 阶方阵,称作 **Walsh 方阵**。

　　据图 7.1 容易看出,前面几个 Walsh 方阵分别是

$$W_1=[+]$$

$$W_2=\begin{bmatrix} + & + \\ + & - \end{bmatrix}$$

$$W_4 = \begin{bmatrix} + & + & + & + \\ + & + & - & - \\ + & - & - & + \\ + & - & + & - \end{bmatrix}$$

$$W_8 = \begin{bmatrix} + & + & + & + & + & + & + & + \\ + & + & + & + & - & - & - & - \\ + & + & - & - & - & - & + & + \\ + & + & - & - & + & + & - & - \\ + & - & - & + & + & - & - & + \\ + & - & - & + & - & + & + & - \\ + & - & + & - & - & + & - & + \\ + & - & + & - & + & - & + & - \end{bmatrix}$$

请读者据图 7.1 列出 Walsh 方阵 W_{16}。

Walsh 方阵看上去是个复杂系统,这个复杂系统中究竟潜藏着怎样的规律性呢?

7.4　Walsh 阵的二分演化

现在的问题是,能否设计出某种简单的二分手续,以将方波 $W_1 = [+]$ 逐步演化生成各阶 Walsh 方阵,即

$$W_1 \Rightarrow W_2 \Rightarrow W_4 \Rightarrow W_8 \Rightarrow \cdots$$

这里箭头"⇒"表示所要设计的二分演化手续。

前面反复强调,二分手续应当是简单而有效的。对于矩阵演化,什么样的演化手续最为简单呢?

1.　矩阵的对称性复制

就矩阵演化来说,最为简单的演化手续是对称性复制。这种演化手续易于在计算机上实现,而且有丰富的文化内涵。

大自然的基本设计是美的,美意味着简单,美意味着对称。本节所考察的对称性分镜像对称与平移对称两种,它们在某种意义上互为反对称。镜像对称又分偶对称与奇对称,平移对称又分正对称与反对称。此外,矩阵的复制对象分矩阵行与矩阵块两种情况,这样,Walsh 方阵的对称性复制可考虑表 7.1 所列的四种方案。

表 7.1

对　称　性	复　制　对　象	
	矩阵行	矩阵块
镜像对称	镜像行复制	镜像块复制
平移对称	平移行复制	平移块复制

人们自然关心,矩阵的上述几种对称性复制技术能否充当二分演化技术,以逐步演化生成各种 Walsh 方阵呢?

答案是令人振奋的。事实上,表 7.1 所列的四种对称性复制技术全能充当 Walsh 演化的二分手续。后文将着重考察其中的两种。

2. Walsh 阵的演化生成

首先考察表 7.1 中镜像行复制的演化方式。考察某个方阵 A,用 $A(i)$ 表示其第 i 行,对 $A(i)$ 施行偶复制与奇复制,分别生成向量 $[A(i) \vdots \ddot{A}(i)]$ 与 $[A(i) \vdots \dot{A}(i)]$。

例如,设 $A(i)=[+-]$,则

$$[A(i) \vdots \ddot{A}(i)]=[+- \vdots -+]$$
$$[A(i) \vdots \dot{A}(i)]=[+- \vdots +-]$$

进一步,若 $A(i)=[+-+-]$,则

$$[A(i) \vdots \ddot{A}(i)]=[+-+- \vdots -+-+]$$
$$[A(i) \vdots \dot{A}(i)]=[+-+- \vdots +-+-]$$

如果对方阵 A 的每一行先后施行偶复制与奇复制两种复制手续,即可生成一个阶数倍增的方阵 B,这种演化手续称作镜像行复制,即

$$A=\begin{bmatrix} \vdots \\ A(i) \\ \vdots \end{bmatrix} \longrightarrow B=\begin{bmatrix} \vdots & \vdots \\ A(i) & \ddot{A}(i) \\ A(i) & \dot{A}(i) \\ \vdots & \vdots \end{bmatrix}$$

人们自然会问,如果对方波 $[+]$ 反复施行镜像行复制的演化手续,使其阶数逐步倍增,将会生成什么样的方阵序列呢?

1 阶方阵 $[+]$ 仅有一行(一列),对它施行偶复制与奇复制,分别生成 $[+\vdots+]$ 与 $[+\vdots-]$,两者合成在一起,结果生成一个 2 阶方阵,即

$$[+] \longrightarrow \begin{bmatrix} + & + \\ + & - \end{bmatrix}$$

对所生成的 2 阶方阵的两行 $[++]$ 与 $[+-]$ 分别施行镜像复制的偶复制与

奇复制,进一步生成一个 4 阶方阵,即

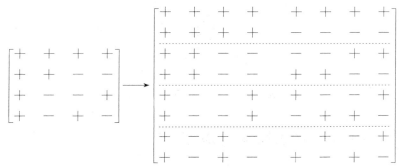

继续对所生成的 4 阶方阵施行镜像行复制,获得如下 8 阶方阵,即

上述方阵与前一节列出的 Walsh 方阵相比较,两者完全一致。可以证明,从方波[＋]出发,运用镜像行复制的演化技术可以生成 **Walsh 方阵序列。这个 Walsh 方阵等价于 7.1 节的原始定义。**

Walsh 方阵有多种排序方式。镜像行复制生成的 Walsh 方阵称作 **Walsh 阵。**

3. Walsh 阵的演化机制

Walsh 阵的演化方式从属于图 7.3 所示的二分演化模式。事实上,这里从初态 $\boldsymbol{W}_1 = [+]$ 出发,将 $\boldsymbol{W}_{N/2}$ 加工成 $\boldsymbol{W}_N$ 的二分手续如下。

（1）分裂手续

对 $\boldsymbol{W}_{N/2}$ 的第一行 $\boldsymbol{W}_{N/2}(i)$ 分别施行偶复制与奇复制,生成两个 N 维向量 $[\boldsymbol{W}_{N/2}(i) \ \vdots \ \ddot{\boldsymbol{W}}_{N/2}(i)]$ 与 $[\boldsymbol{W}_{N/2}(i) \ \vdots \ \dot{\boldsymbol{W}}_{N/2}(i)]$。

（2）合成手续

将 $\boldsymbol{W}_{N/2}$ 的每一行按上述分裂手续扩展为相邻的两个 N 维向量,从而将 $\boldsymbol{W}_{N/2}$ 扩展成为一个 N 阶方阵

$$\boldsymbol{W}_N = \begin{bmatrix} \vdots & \vdots \\ \boldsymbol{W}_{N/2}(i) & \vdots & \ddot{\boldsymbol{W}}_{N/2}(i) \\ \boldsymbol{W}_{N/2}(i) & \vdots & \dot{\boldsymbol{W}}_{N/2}(i) \\ \vdots & \vdots \end{bmatrix}$$

如此反复地做下去。这种二分演化机制如图 7.5 所示。如 7.1 节所看到的,

Walsh 函数的表达式很复杂,直接利用表达式生成 Walsh 函数很困难。然而**依据上述镜像行复制的演化方式,一蹴而就地派生出一个又一个的 Walsh 方阵**,从而得到一族又一族的 **Walsh** 函数。**Walsh** 函数的数目是逐族倍增的,这是一种快速生成算法。

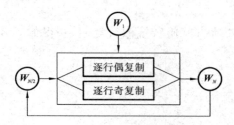

图 7.5　Walsh 阵的演化机制

4.　Hadamard 阵的演化生成

上述镜像行复制的演化方式能否进一步简化呢?

从研究者的角度来说,平移对称比镜像对称更易于接受,而矩阵块比矩阵行更易于把握,现在进一步考察表 7.1 所列的平移块复制的演化方式。

考察某个方阵 A,直接对它施行平移正复制与平移反复制,分别生成$[A \vdots A]$与$[A \vdots -A]$,两者合成在一起,得阶数倍增的方阵

$$B = \begin{bmatrix} A & A \\ A & -A \end{bmatrix}$$

这种演化方式称作**平移块复制**。

仍然从方波$[+]$出发,反复施行平移块复制的演化方式,所生成的一系列方阵称作 **Hadamard** 阵。N 阶 Hadamard 阵记作 H_N。特别地,$H_1 = [+]$。

显然,Hadamard 阵的演化机制同样从属于二分演化模式,如图 7.6 所示。

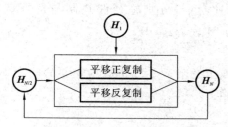

图 7.6　Hadamard 阵的演化机制

按平移块复制的演化方式,如果将 N_N 对分为 4 块,则其左上、右上与左下三块均为 $H_{N/2}$,而其右下则为 $-H_{N/2}$,即 Hadamard 阵有形式简单的递推表达式

$$\boldsymbol{H}_N = \begin{bmatrix} \boldsymbol{H}_{N/2} & \boldsymbol{H}_{N/2} \\ \boldsymbol{H}_{N/2} & -\boldsymbol{H}_{N/2} \end{bmatrix}, \quad N = 2,4,8,\cdots \tag{1}$$

可见,Hadamard 阵的演化过程是简单的。事实上,从方波［＋］出发,按式(1)反复施行演化手续,有

$$\boldsymbol{H}_1 = [+]$$

$$\boldsymbol{H}_2 = \begin{bmatrix} \boldsymbol{H}_1 & \boldsymbol{H}_1 \\ \boldsymbol{H}_1 & -\boldsymbol{H}_1 \end{bmatrix} = \begin{bmatrix} + & + \\ + & - \end{bmatrix}$$

$$\boldsymbol{H}_4 = \begin{bmatrix} \boldsymbol{H}_2 & \boldsymbol{H}_2 \\ \boldsymbol{H}_2 & -\boldsymbol{H}_2 \end{bmatrix} = \begin{bmatrix} + & + & + & + \\ + & - & + & - \\ + & + & - & - \\ + & - & - & + \end{bmatrix}$$

$$\boldsymbol{H}_8 = \begin{bmatrix} \boldsymbol{H}_4 & \boldsymbol{H}_4 \\ \boldsymbol{H}_4 & -\boldsymbol{H}_4 \end{bmatrix} = \begin{bmatrix} + & + & + & + & + & + & + & + \\ + & - & + & - & + & - & + & - \\ + & + & - & - & + & + & - & - \\ + & - & - & + & + & - & - & + \\ + & + & + & + & - & - & - & - \\ + & - & + & - & - & + & - & + \\ + & + & - & - & - & - & + & + \\ + & - & - & + & - & + & + & - \end{bmatrix}$$

如此继续下去,可以证明,这样演化生成的 Hadamard 阵同样是一种 Walsh 方阵。这里的 Hadamard 阵同 Walsh 阵相比较,两者只是行(列)的排序方式不同而已。

进一步考察矩阵元素的递推关系。前已指出,如果将矩阵 $\boldsymbol{H}_N$ 对分为 4 块,则其左上、右上与左下 3 块均为 $\boldsymbol{H}_{N/2}$,而右下块则为 $-\boldsymbol{H}_{N/2}$。记 $\boldsymbol{H}_N(i,j)$ 为矩阵 $\boldsymbol{H}_N$ 第 i 行第 j 列的元素,则上下两组**平移对** $(i,j),(i,N/2+j)$ 与 $(N/2+i,j)$, $(N/2+i,N/2+j)$ 的矩阵元素有定理 1 所述的关系。

定理 1　对于 $0 \leqslant i,j \leqslant N/2-1$,有
$$\boldsymbol{H}_N(i,j) = \boldsymbol{H}_N(i,N/2+j) = \boldsymbol{H}_N(N/2+i,j)$$
$$= -\boldsymbol{H}_N(N/2+i,N/2+j) = \boldsymbol{H}_{N/2}(i,j)$$

现在基于 Hadamard 阵的上述表达式设计 Walsh 变换的快速算法 FWT。FWT 的设计同样从属于图 7.3 的二分演化模式。

7.5　快速变换 FWT

不同排序方式的 Walsh 变换,其快速算法的设计方法彼此类同。本节将着

重考察 Hadamard 阵的 Walsh 变换 $N\text{-WT}$,即

$$X(i) = \sum_{j=0}^{N-1} x(j)\boldsymbol{H}_N(i,j), \quad i = 0,1,\cdots,N-1 \tag{2}$$

式中,$\boldsymbol{H}_N$ 为 N 阶 Hadamard 阵,$\{x(j)\}_0^{N-1}$ 为输入数据,输出数据 $\{X(i)\}_0^{N-1}$ 待求。这里仍然假定 $N = 2^n$,n 为正整数。

由于 Hadamard 阵是对称正交阵,Walsh 变换(2)同它的逆变换

$$x(j) = \frac{1}{N}\sum_{i=0}^{N-1} X(i)\boldsymbol{H}_N(i,j), \quad j = 0,1,\cdots,N-1$$

仅仅相差一个常数因子,因此两者可以统一加以考察。

本节将基于定理 1 设计 Walsh 变换(2)的快速算法 FWT。

1. FWT 的设计思想

在具体设计快速算法 FWT 之前,首先考察两种简单情形。由于 1 阶和 2 阶 Hadamard 阵为

$$\boldsymbol{H}_1 = [+]$$

$$\boldsymbol{H}_2 = \begin{bmatrix} + & + \\ + & - \end{bmatrix}$$

因而 1-WT 具有极其简单的形式

$$X(0) = x(0)$$

这里输入数据即为所求结果,因而不需要任何计算。此外,2-WT 为

$$\begin{cases} X(0) = x(0) + x(1) \\ X(1) = x(0) - x(1) \end{cases}$$

这项计算也很平凡,不存在算法设计问题。

可见,1-WT 与 2-WT 都是极为简单的。

快速算法 FWT 的设计思想是,基于规模减半的二分手续,通过 2-WT 的反复计算,将所给 N-WT 逐步加工成 1-WT,从而得出所求的结果。

快速算法 FWT 是优秀算法的一朵奇葩,它鲜明地展现了"简单的重复生成复杂"这一算法设计的基本理念。此外,它可以充当一个样板,示范运用二分演化机制设计快速变换的全过程。

2. FWT 的演化机制

前已反复指出,二分技术是快速算法设计的基本技术。二分技术的基本点是运用某种二分手续,将所给计算问题化归为规模减半的同类问题。

对于 N 点 Walsh 变换 $N\text{-}WT(4)$，即

$$X(i) = \sum_{j=0}^{N-1} x(j) \boldsymbol{H}_N(i,j), \quad i = 0, 1, \cdots, N-1$$

将其右端的和式**对半拆开**，有

$$X(i) = \sum_{j=0}^{N/2-1} x(j) \boldsymbol{H}_N(i,j) + \sum_{j=N/2}^{N-1} x(j) \boldsymbol{H}_N(i,j)$$

$$= \sum_{j=0}^{N/2-1} [x(j) \boldsymbol{H}_N(i,j) + x(N/2+j) \boldsymbol{H}_N(i, N/2+j)], \quad i = 0, 1, \cdots, N-1$$

然后再将这组算式**对半分为两组算式**，有

$$\begin{cases} X(i) = \displaystyle\sum_{j=0}^{N/2-1} [x(j) \boldsymbol{H}_N(i,j) + x(N/2+j) \boldsymbol{H}_N(i, N/2+j)], \\ X(N/2+i) = \displaystyle\sum_{j=0}^{N/2-1} [x(j) \boldsymbol{H}_N(N/2+i, j) + x(N/2+j) \boldsymbol{H}_N(N/2+i, N/2+j)], \\ \qquad\qquad\qquad\qquad i = 0, 1, \cdots, N/2-1 \end{cases}$$

利用定理 1 的递推关系将上述算式化简，得

$$\begin{cases} X(i) = \displaystyle\sum_{j=0}^{N/2-1} [x(j) + x(N/2+j)] \boldsymbol{H}_{N/2}(i,j), \\ \qquad\qquad\qquad\qquad\qquad\qquad\qquad i = 0, 1, \cdots, N/2-1 \\ X(N/2+i) = \displaystyle\sum_{j=0}^{N/2-1} [x(j) - x(N/2+j)] \boldsymbol{H}_{N/2}(N/2+i, j), \end{cases}$$

这样，所给 $N\text{-}WT(2)$ 被加工成下列两个 $N/2\text{-}WT$：

$$\begin{cases} X(i) = \displaystyle\sum_{j=0}^{N/2-1} x_1(j) \boldsymbol{H}_{N/2}(i,j), \\ \qquad\qquad\qquad\qquad\qquad\qquad i = 0, 1, \cdots, N/2-1 \\ X(N/2+i) = \displaystyle\sum_{j=0}^{N/2-1} x_1(N/2+j) \boldsymbol{H}_{N/2}(N/2+i, j), \end{cases}$$

为此所要施行的二分手续是

$$\begin{cases} x_1(j) = x(j) + x(N/2+j), \\ x_1(N/2+j) = x(j) - x(N/2+j), \end{cases} \quad j = 0, 1, \cdots, N/2-1 \qquad (3)$$

上述二分手续将所给 $N\text{-}WT$ 加工成 2 个 $N/2\text{-}WT$。每个 $N/2\text{-}WT$ 通过二分手续可进一步加工成 2 个 $N/4\text{-}WT$。如此反复二分，使问题的规模逐次减半，最终可将 $N\text{-}WT$ 加工成 N 个 $1\text{-}WT$，从而得出所求的结果。这种演化过程

$$\underset{\text{(计算模型)}}{N\text{-}WT} \Rightarrow 2 \text{ 个 } N/2\text{-}WT \Rightarrow 4 \text{ 个 } N/4\text{-}WT \Rightarrow \cdots \Rightarrow \underset{\text{(计算结果)}}{N \text{ 个 } 1\text{-}WT}$$

称作**快速 Walsh 变换**。这里箭头"$\Rightarrow$"表示二分手续 (3)。

进一步剖析二分手续 (3) 的内涵。计算模型 $N\text{-}WT$ 所要加工的数据 $\{x(j)\}$ 是个 N 维向量，将它对半二分，得 $N/2$ 个**平移对** $(x(j), x(N/2+j))$。可见二分手续 (3) 的含义是，将平移对的两个数据相加减，因而 FWT 从属于如图 7.7 所示的二分演化模式。

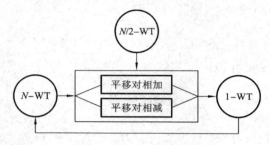

图 7.7 FWT 的演化机制

最后统计 FWT 的运算量。由于 FWT 的每一步运算都使问题的规模减半，欲将所给 N-WT，$N=2^n$ 加工成 N 个 1-WT，二分演化需做 $n=\log_2 N$ 步，又形如式(3)的二分手续的每一步要做 N 次加减操作，因而 FWT 的总运算量为 $N\log_2 N$ 次加减操作。另一方面，如果直接计算 N-WT(2)要做 N^2 次加减操作，故 FWT 是快速算法，其加速比

$$\frac{N^2}{N\log_2 N} \to \infty \quad （当 N\to\infty时）$$

3. FWT 的计算流程

二分手续(3)采取两两加工的处理方式，即将一对数据 $(x(j), x(N/2+j))$ 加工成一对新的数据 $(x_1(j), x_1(N/2+j))$，其计算格式如图 7.8 所示，这里分别用实线与虚线区分数据的相加与相减两种运算。

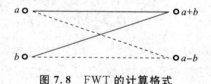

图 7.8 FWT 的计算格式

现在运用二分技术针对 8-WT：

$$X(i) = \sum_{j=0}^{7} x(j)H_8(i,j), \quad i = 0,1,\cdots,7 \tag{4}$$

具体显示前述 FWT 的计算流程。

步骤 1 施行 $N=8$ 的二分手续(3)，即

$$x_1(0)=x(0)+x(4), \quad x_1(4)=x(0)-x(4)$$
$$x_1(1)=x(1)+x(5), \quad x_1(5)=x(1)-x(5)$$
$$x_1(2)=x(2)+x(6), \quad x_1(6)=x(2)-x(6)$$
$$x_1(3)=x(3)+x(7), \quad x_1(7)=x(3)-x(7)$$

将所给 8-WT 加工成 2 个 4-WT。借助于图 7.8 的计算格式,这一演化步骤如图 7.9 所示。

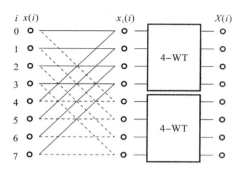

图 7.9　FWT 的演化步骤 1

步骤 2　对 2 个 4-WT 分别施行 $N=4$ 的二分手续(3),即

$$x_2(0)=x_1(0)+x_1(2), \quad x_2(2)=x_1(0)-x_1(2)$$
$$x_2(1)=x_1(1)+x_1(3), \quad x_2(3)=x_1(1)-x_1(3)$$

与

$$x_2(4)=x_1(4)+x_1(6), \quad x_2(6)=x_1(4)-x_1(6)$$
$$x_2(5)=x_1(5)+x_1(7), \quad x_2(7)=x_1(5)-x_1(7)$$

进一步加工出关于数据 $\{x_2(j)\}$ 的 4 个 2-WT。这一演化步骤如图 7.10 所示。

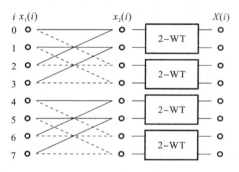

图 7.10　FWT 的演化步骤 2

步骤 3　再对每个 2-WT 分别施行二分手续,即

$$x_3(0)=x_2(0)+x_2(1), \quad x_3(1)=x_2(0)-x_2(1)$$
$$x_3(2)=x_2(2)+x_2(3), \quad x_3(3)=x_2(2)-x_2(3)$$
$$x_3(4)=x_2(4)+x_2(5), \quad x_3(5)=x_2(4)-x_2(5)$$
$$x_3(6)=x_2(6)+x_2(7), \quad x_3(7)=x_2(6)-x_2(7)$$

加工得出关于数据 $\{x_3(i)\}$ 的 8 个 1-WT,即得所求结果

$$X(i)=x_3(i), \quad i=0,1,\cdots,7$$

上述算法 FWT,其计算模型与输入数据同步进行加工,在将计算模型从 8-WT 加工成 1-WT 的同时,输入数据被加工成输出结果$\{X(i)\}$。综合上述各步即得 FWT 的数据加工流程图,如图 7.11 所示。

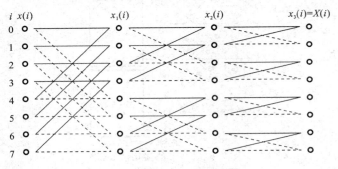

图 7.11　FWT 的数据加工流程图

4. FWT 的算法实现

回头考察一般形式的 Walsh 变换 N-WT(2)。仍设 $N=2^n$,n 为正整数。前已指出,其快速算法设计分 $n=\log_2 N$ 步,每一步将计算问题的规模减半。记 $N_k = N/2^k$。快速 Walsh 变换 FWT 的第 k 步将所给 N-WT 化归为 2^k 个 N_k-WT,其输入数据 $x_k(i)$ 被分割成 2^k 段,每段含有 N_k 个数据,具体地说,其 $l(l=1,2,\cdots,2^k)$ 段数据为

$$x_k((l-1)N_k+j), \quad j=0,1,\cdots,N_k-1$$

这样,二分过程的第 k 步是先将 $k-1$ 步生成的数据段

$$x_{k-1}((l-1)N_{k-1}+j), \quad j=0,1,\cdots,N_{k-1}-1$$

再对半切成两部分,其前半部分与后半部分分别是

$$\begin{aligned} x_{k-1}((l-1)N_{k-1}+j), \\ x_{k-1}((l-1)N_{k-1}+N_k+j), \end{aligned} \quad j=0,1,\cdots,N_k-1$$

然后将这两组数据按式(3)进行加工,结果有

$$\begin{cases} x_k((l-1)N_{k-1}+j)=x_{k-1}((l-1)N_{k-1}+j)+x_{k-1}((l-1)N_{k-1}+N_k+j) \\ x_k((l-1)N_{k-1}+N_k+j)=x_{k-1}((l-1)N_{k-1}+j)-x_{k-1}((l-1)N_{k-1}+N_k+j) \end{cases}$$

$$(5)$$

上式中,$j=0,1,\cdots,N_k-1$;$l=1,2,\cdots,2^k$。

这就是第 k 步所要施行的二分手续。反复施行这种二分手续即得所求的结果。于是有下列快速 Walsh 变换 FWT:

> **算法 7.1**　令 $x_0(i) = x(i), i = 0, 1, \cdots, N-1$，对 $k = 1, 2, \cdots$ 直到 $n = \log_2 N$ 执行算式 (5)，结果有
>
> $$X(i) = x_n(i), \quad i = 0, 1, \cdots, N-1$$

本 章 小 结

1. 从传统数学的观点看，Walsh 函数是一类难以驾驭的"怪异"函数，它们具有间断性，甚至"几乎处处"不连续，因而微积分方法对这类函数难以奏效。

其实 Walsh 函数既复杂又简单。它们的值域仅有两个值，这已是最大限度的简单。然而 Walsh 函数的取值方式却极其复杂，直接依据原始定义考察 Walsh 函数，使人感到眼花缭乱，头昏脑胀。

Walsh 函数的造型变化万千，但"万变不离其宗"，各种 Walsh 函数的演化机制都源于方波与 Haar 波的对峙，而形形色色的 Walsh 函数均可视为方波的变形。方波不含任何信息（其值恒为 1），是一个哲理上的"无"，而用于刻画各种信号的 Walsh 函数自然是哲理上的"有"，Walsh 函数系的演化过程，生动而深刻地印证了"有生于无"这个辩证原理。

运用二分演化机制撩开 Walsh 函数神秘的面纱，我们看到，它们竟是方波 $R(x) = 1$ 二分演化的结果，其演化过程一蹴而就。在这个意义下，Walsh 函数是一个简单得不能再简单的函数。

2. 本章阐述快速 Walsh 变换 FWT 的设计机理与设计方法。可以看到，FWT 本质上是一类二分法，其设计思想是，逐步二分所给计算模型 $N\text{-WT}$，令其规模 N 逐次减半，直到规模为 1 时，所归结出的 1-WT 即为所要的结果：

$$\underset{\text{(计算模型)}}{N\text{-WT}} \Rightarrow 2 \text{ 个 } N/2\text{-WT} \Rightarrow 4 \text{ 个 } N/4\text{-WT} \Rightarrow \cdots \Rightarrow \underset{\text{(所求结果)}}{N \text{ 个 } 1\text{-WT}}$$

注意到 $N\text{-WT}$ 的变换矩阵是 Hadamard 阵 $\boldsymbol{H}_N$。上述 FWT 的设计过程本质上是 Hadamard 阵的加工过程

$$\boldsymbol{H}_N \Rightarrow \boldsymbol{H}_{N/2} \Rightarrow \boldsymbol{H}_{N/4} \Rightarrow \cdots \Rightarrow \boldsymbol{H}_1$$

再对比 Hadamard 阵的生成过程

$$\boldsymbol{H}_1 \Rightarrow \boldsymbol{H}_2 \Rightarrow \boldsymbol{H}_4 \Rightarrow \cdots \Rightarrow \boldsymbol{H}_N$$

可以看到，快速 Walsh 变换的演化过程与 Hadamard 阵的生成过程互为反过程。如果后者视为**进化过程**（矩阵阶数逐步倍增），那么前者则是**退化过程**（矩阵阶数逐次减半）。在"规模"适当定义的前提下，它们两者全都从属于如图 7.3 所示的二分演化模式。

3. Walsh 分析处处都渗透了对立统一的辩证思维。

正因为 Walsh 函数具有极度的数学美,正由于 Walsh 分析展现了一种新的思维方式,因而在 Walsh 分析的基础上可以开展许多重要的研究。

快速 Walsh 变换是快速变换的一个重要的组成部分。运用所谓变异技术,基于 Walsh 变换可以派生出其他种种快速变换,诸如 Haar 变换、斜变换、Hartly 变换等等,从而实现快速变换方法的大统一。

Walsh 分析有着广泛的应用前景,然而更为重要的是,它展现了一种新的数学方法——**演化数学方法**。

宇宙是演化的,生物是演化的。时至今日,辩证法关于发展变化的观点,即事物从低级到高级不断演化的观点,已经被科学界认为是无须论证的常识了。

Walsh 函数的演化分析用数学语言表述了这种"常识"。

Walsh 函数的演化分析无疑是新的数学革命即将爆发的先兆,还是 H. F. Harmuth 有远见:**Walsh 分析的研究将导致一场数学革命,就像十七、十八世纪的微积分那样**。

习　　题

1. 运用镜像行复制技术,从 Walsh 阵 W_8 进一步演化生成 W_{16},并与图 7.1 的波形图相比较。

2. 运用平移块复制技术,从 Hadamard 阵 H_8 进一步演化生成 H_{16}。

3. 运用平移行复制技术,从方波 [+] 出发演化生成 Walsh 方阵 P_N,$N=1$,$2,4,8$。这样的 Walsh 方阵 P_N 称作 **Peley 阵**。

4. 针对数学模型 $A_n=a^n$,数据 a 已给,运用二分技术设计求 A_N,$N=2^n$ 的快速算法,并具体列出求 A_{16} 的运算步骤。

5. 设序数 i,j 的自然码为

$$i=(i_{n-1}i_{n-2}\cdots i_0),\quad j=(j_{n-1}j_{n-2}\cdots j_0)$$

依据第 7 章定理 1 证明,Hadamard 阵 H_N 的元素有如下指数形式的表达式

$$H_N(i,j)=\prod_{r=0}^{n-1}(-1)^{i_{n-r-1}j_{n-r-1}}$$

6. 依据上题 Hadamard 阵的显式表达式,将计算模型 N-HT 的嵌套结构逐层计算,生成快速算法 FHT,并针对 $N=8$ 具体列出运算公式。

第8章 探究"刘徽神算"

8.1 数学史上一桩千古疑案

1. 从阿基米德的"穷竭法"说起

在数学史上,圆周率这个奇妙的数字牵动着一代又一代数学家的心,不少人为之耗费了毕生的精力。据文献记载,在这方面做出过突出贡献的,当首推古希腊的阿基米德。在公元前 3 世纪,阿基米德求出了 π 的近似值 3.14,突破了古率 π＝3 的传统观念。阿基米德开创了圆周率科学计算的新纪元。

被誉为"古代数学之神"的阿基米德,其重大数学成就之一,是用所谓"穷竭法"计算一些曲边图形的面积,例如用内接与外切正多边形的周长来"穷竭"圆周,当多边形边数足够多时,作为正多边形的周长获得圆周率的近似值。他从正 6 边形做起,割到 12 边形、24 边形、48 边形,一直割到内接与外切正 96 边形,得到 π 的弱近似值 $\frac{223}{71}$ 与强近似值 $\frac{22}{7}$,据此得知 π 约等于 3.14。

此后一直到 17 世纪,在长达两千年的漫长岁月中,许多数学家都效仿阿基米德的做法,用内接与外切多边形的周长逼近圆周长,令边数逐步增多,从而获得越来越准确的圆周率。

2. 祖冲之"缀术"之谜

圆周率的高精度计算,无论是在学术上还是在实践中都意义重大。尤其在古代,它是衡量一个数学家的数学才能和学术成就的重要尺度;它标志着一个国家、一个民族的文化发达程度;它甚至显示了一个地区、一个时代的科技发展水平。

祖冲之是南北朝时期的数学家。

祖冲之在数学方面的重大成就,当首推关于圆周率的计算。据《隋书·律历志》记载:

"祖冲之更造密法,以圆径一亿为一丈,圆周盈数三丈一尺四寸一分五厘九毫二秒七忽,朒数三丈一尺四寸一分五厘九毫二秒六忽,正数在盈朒二限之间。"

这就是说,祖冲之定出了圆周率的取值范围为

$$3.141\ 592\ 6 < \pi < 3.141\ 592\ 7$$

这个惊人的纪录领先世界一千多年。

祖冲之称他的计算技术为"缀术"。据史书记载,缀术"时人称之精妙",赞扬它"指要精密,算氏之最"。《隋书·律历志》说,祖冲之所著之书名《缀术》,"学官莫能究其深奥"。传说唐代指定《缀术》一书为朝廷钦定的数学教材。

"缀术"是什么?

祖冲之的原著《缀术》已千年失传,无从查察,人们还能还原其"真面目"吗?

8.2　刘徽的神机妙算

1. 数学史上一篇千古奇文

成书于汉代的《九章算术》是我国古代最重要的数学经典。该书"圆田术"给出了圆面积的计算公式:

"半周半径相乘得积步。"

即圆面积等于半圆周长与半径的乘积。

这一事实是人们所熟知的,然而由于圆是曲边图形,对古人来说,计算圆面积是个数学难题。

刘徽在注《九章算术》时撰写了《圆田术注》,约 1800 字,后人称之为《割圆术》。割圆术证明了圆面积公式,并且提供了一个计算圆周率的优秀算法。

刘徽的《割圆术》是一篇千古奇文。书中有许多亮点,譬如,早在 1800 年前,刘徽就在人类数学史上首次提出了极限观念。

刘徽从圆的内接正六边形做起,令边数逐步倍增,计算圆内接正 n 边形面积 $S_n(n=6,12,24,\cdots)$,并建立了圆面积 S^* 的一个逼近序列

$$S_6 \to S_{12} \to S_{24} \to S_{48} \to \cdots \to S^*$$

这种加工手续开创了极限计算的先河。

相比之下,古希腊人畏惧无穷,阿基米德的穷竭法同极限思想毫不相干,因而与刘徽的"割圆术"不可同日而语。

其次,刘徽的割圆术中提出了一种高明的逼近策略,建立了下列 **双侧逼近公式**

$$S_{2n} < S^* < S_{2n} + (S_{2n} - S_n)$$

在逼近过程中,刘徽直接用数据的偏差 $S_{2n} - S_n$ 作为校正量,生成圆面积 S^*

的强近似值,从而舍弃了圆的外切多边形的计算,相比阿基米德的穷竭法显著地节省了计算量。

最后,特别值得指出的是,刘徽的割圆术提出了一种逼近加速技术,在《割圆术》末尾,刘徽突然发力给出了一个神奇的精加工算式——我们称之为"刘徽神算"。

本章推荐的逼近加速技术正是从刘徽神算中感悟并提炼出来的。

2.　"一飞冲天"的"刘徽神算"

前已指出,阿基米德用穷竭法割到内接与外切正 96 边形,获得圆周率 $\pi=$ 3.14,这项成就开创了圆周率科学计算的新纪元。

人们自然会问,阿基米德为什么割到正 96 边形就终止了呢? 他为什么不再继续割下去? 显然更高精度的圆周率是诱人的。

这个问题的原因很简单,实际计算就会明白,在割圆过程中,每二分一次都要**耗费相当大的计算量**(对于古人来说,这种计算量是很大的),而且,少数几次割圆对改善精度意义不大。面对这种现实,阿基米德终止于正 96 边形得出圆周率3.14,这种做法是明智的。

然而刘徽却不满足这个现状。他取圆半径 $r=10$ 寸(即 1 尺)进行计算,发现正 96 边形二分割圆前后的两个结果

$$S_{96}=313\frac{584}{625}, \quad S_{192}=314\frac{64}{625}$$

都相当于 $\pi=3.14$,它们太粗糙了。面对这种情况,刘徽突发奇想:在几乎不耗费计算量的前提下,能否通过某种简单的加工手续,将两个粗糙的近似值 S_{96},S_{192} 加工成高精度的结果呢?

又想化粗为精,又不愿耗费计算量,这似乎有点异想天开。

《割圆术》下篇一开头,刘徽突然"发力",他将偏差值

$$\Delta=S_{192}-S_{96}=\frac{105}{625}$$

乘以因子

$$\omega=\frac{36}{105} \tag{1}$$

作为 S_{192} 的校正量,求得

$$\hat{S}=S_{192}+\frac{36}{105}(S_{192}-S_{96})$$

$$= 314\frac{64}{625} + \frac{36}{105}\left(314\frac{64}{625} - 313\frac{584}{625}\right) = 314\frac{4}{25} \tag{2}$$

刘徽指出,这样加工的结果 $314\frac{4}{25}$ 相当于正 3 072 边形的面积。

这样得出的结果 $S_{3\,072} = 314\frac{4}{25}$ 相当于圆周率 $\pi = 3.141\,6$,比 $\pi = 3.14$ 一下子提高了两个数量级。真是一跃千里,一飞冲天。

我们称这个数学案例为"刘徽神算"。

刘徽神算化粗为精的加工效果太神奇了。它的设计机理已大大地超出了人们想象力的限度,因而虽历经千年,至今尚未获得人们的理解和接纳,而一直被禁锢在数学古籍之中。

该怎样破解刘徽神算的玄机呢?

8.3   刘徽神算的设计机理

1. 两种技术的综合

我们看到,尽管二分割圆生成的多边形面积 S_n 逼近于圆面积 S^*,但逼近过程收敛缓慢,为了获得高精度的圆周率,所要耗费的计算量可能变得很大。譬如,需要割到 24 576 边形,才能得出祖冲之的"密率"3.141 592 6。在古代用算筹一类简单的计算工具,实现如此浩大的计算工程是难以想象的。

面对这个现实,刘徽独具慧眼地提出了这样一个挑战性的课题:设法将已经获得的数据进行"再加工",希望以尽量少的计算量为代价获得高精度的结果。

刘徽用一个具体的算例

$$\hat{S} = S_{192} + \frac{36}{105}(S_{192} - S_{96}) \approx S_{3\,072}$$

演示了这种设计方案的可行性。

被称为"刘徽神算"的这个数学案例,实际上表达了一种逼近加速技术。推广刘徽神算,自然可提出下述**刘徽加速技术**:

设法寻求某个**松弛因子** ω,将偏差 $\Delta_n = S_{2n} - S_n$ 的 ω 倍作为数据 S_{2n} 的**校正量**,而使校正值

$$\hat{S} = S_{2n} + \omega(S_{2n} - S_n), \quad 0 < \omega < 1 \tag{3}$$

比 S_n 和 S_{2n} 具有更高的精度。

自然会问,作为校正技术的式(3),为什么要选取形如 $\omega(S_{2n}-S_n)$ 的校正项呢?

前已导出圆面积的双侧挤压公式

$$S_{2n}<S^*<S_{2n}+(S_{2n}-S_n)$$

借助于偏差 $\Delta_n=S_{2n}-S_n$ 这个公式可表达为

$$0\cdot\Delta_n<S^*-S_{2n}<1\cdot\Delta_n$$

即误差 S^*-S_{2n} 被夹在系数分别为 0 和 1 的左右两极之间。

中华文化崇尚"中庸之道"。无论处理什么事情都要避免走极端,尽量不左不右,不偏不倚,执中致和。因此,依据上述挤压公式,应令

$$S^*-S_{2n}\approx\omega\,\Delta_n$$

式中 $0<\omega<1$,即取式(3)作为校正公式。

另一方面,加速公式(3)亦可改写成两个数据 S_n 与 S_{2n} 的组合形式

$$\hat{S}=(1+\omega)S_{2n}-\omega S_n$$

按这种理解,刘徽神算

$$\hat{S}=\left(1+\frac{36}{105}\right)S_{192}-\frac{36}{105}S_{96}$$

和刘徽加速也是一种**组合技术**。

问题在于,这里组合系数为什么采取一正一负的逆反形式呢?

事实上,比较 S_n 和 S_{2n} 两个近似值,虽然它们都很粗糙,但 S_{2n} 总比 S_n 更为精确,即 S_{2n} 为"优"值而 S_n 则为"劣"值,所以加权平均应采取"激浊扬清"的态势,充分激发 S_{2n} 的"优"势而抑制 S_n 的"劣"势,为此令 S_n 的权系数 $-\omega<0$,而令 S_{2n} 的权系数 $1+\omega>1$。

总之,作为刘徽神算推广的刘徽加速技术,是校正技术与组合技术两种技术的综合。为使这类技术真正保证逼近过程的加速,该怎样具体地选取松弛因子 ω 呢?

2. 偏差比中传出好"消息"

为了设计刘徽加速(3)

$$\hat{S}=S_{2n}+\omega(S_{2n}-S_n)$$

关键在于选取合适的松弛因子 ω。

由于**松弛公式**(3)是逼近加速公式,松弛因子 ω 应当是驾驭逼近过程的某个数学不变量,即与逼近过程相关的某个普适常数。前已指出,这个常数 ω 应当在 0 与 1 之间,即 $0<\omega<1$。

数学常数通常采取比率的形式,刘徽指出,比率的本意是相关事物的比例关系。

在二分割圆过程中,需要考虑什么样的"相关量"呢?

前已看到,偏差 $\Delta_n = S_{2n} - S_n$ 这个数学量贯穿于割圆计算的全过程,因此,刘徽自然着眼于二分割圆前后的偏差比

$$\delta_n = \Delta_n / \Delta_{n+1}$$

二分割圆的偏差比 δ_n 中蕴藏有怎样的奥秘呢?

割圆术称偏差 $\Delta_n = S_{2n} - S_n$ 为**差幂**,刘徽特别关注**幂率** $\delta_n = \Delta_n / \Delta_{2n}$。在割圆计算过程中,利用差幂 Δ_n 计算幂率 δ_n,割圆术实际上已造出下列数据表 8.1。

表 8.1

n	S_n	Δ_n	δ_n
12	300	$10\frac{364}{625}$	3.95
24	$310\frac{364}{625}$	$2\frac{425}{625}$	3.99
48	$313\frac{164}{625}$	$\frac{420}{625}$	4.00
96	$313\frac{584}{625}$	$\frac{105}{625}$	
192	$314\frac{64}{625}$		

从这些数据中能获得什么样的信息呢?无需用高深的数学知识进行理论分析,直接观察幂率 δ_n 的数据表(见表 8.1)即可发现,幂率几乎为定值 4。

刘徽由此发现了一个奇妙的事实:表面上杂乱无章的数据 S_n 中竟蕴藏着极其鲜明的规律性。

幂率即偏差比几乎是个定值,这真是个好"消息"。割圆术的设计因此跃上新的台阶。

3. 只要做一次"俯冲"

偏差比几乎是个定值,基于这个奇妙的规律,分析误差只是一蹴而就的事,据此只要做一次"俯冲"便能捕捉到所要的校正公式。

事实上,由于在割圆计算过程中偏差比近似等于 4,从而得出一系列近似关系式

$$S_{2n} - S_n \approx 4(S_{4n} - S_{2n})$$

$$S_{4n} - S_{2n} \approx 4(S_{8n} - S_{4n})$$

$$S_{8n} - S_{4n} \approx 4(S_{16n} - S_{8n})$$

$$\vdots$$

$$S_{2N} - S_N \approx 4(S_{4N} - S_{2N})$$

式中，N 是某个远大于 n 的正整数。

将这些式子累加在一起，其中间项相互抵消，得

$$S_{2N} - S_n \approx 4(S_{4N} - S_{2n})$$

这样，若取 S_{4N} 和 S_{2N} 作为 S_{2n} 的校正值 $\hat{S}$，则有

$$\hat{S} - S_n \approx 4(\hat{S} - S_{2n}) \tag{4}$$

即有

$$\frac{\hat{S} - S_n}{\hat{S} - S_{2n}} \approx 4$$

如果称近似值 S_n 与校正值 $\hat{S}$ 两者之差为**残差**，则上式说明，**若偏差比几乎为定值 4，那么残差比也近似等于 4**。

这样一来，精加工方法的设计就水到渠成了。事实上，从式（4）解出未知的 $\hat{S}$，有

$$\hat{S} = S_{2n} + \frac{1}{3}(S_{2n} - S_n) \tag{5}$$

这个式子的含义是，在偏差比"几乎"为定值 4 的情况下，近似值的残差比也近似等于 4，因而残差 $\hat{S} - S_{2n}$ 几乎等于偏差 $S_{2n} - S_n$ 的三分之一，从而立即导出所求的校正公式。

4. 刘徽追求简洁

前面指出，由于偏差比即"幂率"近似等于 4，数据精加工的校正公式应设计成式（5）的形式，即应令松弛因子

$$\delta = \frac{1}{3}$$

为什么刘徽不取松弛因子 $\omega = \frac{1}{3}$，而如刘徽神算那样取它为 $\frac{36}{105}$ 呢？

刘徽的割圆术中特别点出了正 12 边形，他在割圆术中提出选用正 12 边形的"幂率"$\delta_{12} = 3.95$ 计算松弛因子（见表 8.1），结果有

$$\delta = \frac{1}{3.95 - 1} = \frac{1}{2.95}$$

这个值要比 $\dfrac{1}{3}=\dfrac{35}{105}$ 稍大一点，因此刘徽记之为 $\dfrac{36}{105}$。

至于刘徽为什么偏偏挑选内接正 12 边形的幂率，一个明显的理由是，这样处理，加工手续与加工结果比较简洁，就像 8.2 节刘徽神算中的算式（2）那样。

8.4　破解祖冲之"缀术"之谜

1. 差之毫厘，失之千里

松弛因子究竟怎样选取才算合适呢？我们循着刘徽割圆术的思路，精确地计算直到正 3072 边形的面积，然后选取松弛因子 $\omega=\dfrac{1}{3}$ 按式（5）计算。计算结果列于表 8.2 中。用括弧〈·〉标明数据准确到小数点后第几位。π 的真值为 3.141 592 653 5…。

表 8.2

n	S_n		$\hat{S}_n$	
12	3.000 000 000	〈0〉		
24	3.105 828 541	〈1〉	3.141 104 722	〈3〉
48	3.132 628 613	〈1〉	3.141 561 971	〈4〉
96	3.139 350 203	〈1〉	3.141 590 733	〈5〉
192	3.141 031 951	〈3〉	3.141 592 534	〈6〉
384	3.141 452 472	〈3〉	3.141 592 646	〈7〉
768	3.141 557 608	〈4〉	3.141 592 653	〈8〉
1 536	3.141 583 892	〈4〉	3.141 592 654	〈8〉
3 072	3.141 590 463	〈5〉	3.141 592 654	〈8〉

在割圆计算中，刘徽已获知直到正 3 072 边形的数据。以上数据表显示，利用这些数据按照刘徽加速技术进行精加工，即可获得祖冲之的"密率"3.141 592 65。

刘徽如果这样做，那么中华数学史乃至世界数学史上有关圆周率科学计算部分就要彻底改写了。

差之毫厘，失之千里。刘徽的校正技术极为精彩，只是由于松弛因子的处理稍欠粗糙，从而失之交臂，把一项千年称雄的数学成就留给了两百年后的祖冲之。

2. "缀术"一词意味深长

本章一开头指出，南北朝数学家祖冲之给出了高精度的圆周率，这项成就领先世界一千多年。

　　祖冲之的圆周率是怎样得出来的？如果直接用内接正多边形来逼近，要一直算到正

$$24\,576 = 6 \times 2^{12}$$

边形。耗费如此巨大的计算量，在筹算的古代是难以想象的。

　　中华民族是个智慧的民族，是个善于创新的民族。刘徽的加速技术是中华文明前瞻性思维的一个重要标志，这是坚持传统思维的凡夫俗子们所无法理解和接受的。

　　祖冲之肯定使用了某种"绝技"。据隋唐古书记载，祖冲之的算法设计技术称为"缀术"。史书盛赞缀术"指要精密，算氏之最"。令人惋惜的是"缀术"久已失传，成了数学史上一桩千古疑案。

　　历代中国学者倾心于破解"缀术"之谜，但始终得不到要领。中华先贤的大智慧竟迷惑了后世聪慧的子孙们。

　　古籍中搜索不到有关论著或文字材料，仅仅靠"缀术"这个名词能够窥探出其中的奥秘吗？

　　顾名思义，"缀"字有两个含义：一是"组合"，因此"缀术"就是组合技术；另一个含义是"修补"，即所谓"缀补"，在这个意义上，"缀术"亦可理解为校正技术。

　　这样，所谓"缀术"其实就是组合技术与校正技术。本章 8.3 节指出，刘徽的精加工技术正是这种技术。也许，据此可以断定，祖冲之的"缀术"正是继承了刘徽的"衣钵"——特别是刘徽的割圆术，归纳总结出来的。

　　数学史的先辈钱宝琮先生早就猜测过祖冲之与刘徽之间的传承关系。我们深信，祖冲之将自己的算法设计技术命名为"缀术"，目的也是试图向世人表白：自己的数学成就，只是前人特别是刘徽的研究工作的缀补和修正。因此"缀术"实质上只是《九章算术》刘徽注的祖冲之注。

　　也许这就是历史的真相。

8.5　平庸的新纪录

1.　阿尔·卡西创造新纪录

　　前已指出，祖冲之于公元 5 世纪所获得的精确到小数点后七位有效数字的圆周率 3.141 592 6…千年称雄于世界。这项纪录直到 15 世纪才被打破。阿拉伯人阿尔·卡西于 1424 年写成《圆周论》，发表了当时世界上最为精确的圆

周率。

阿尔·卡西的割圆过程袭用阿基米德的做法:从正六边形做起,逐步计算圆的内接与外切多边形的周长。每分割一次,令多边形的边数倍增。到了 15 世纪,阿拉伯数字和十进小数记数法的使用,给实际计算提供了很大方便。阿尔·卡西反复割圆,一直算到

$$6 \times 2^{27} = 805\ 306\ 368$$

即 8 亿多正多边形,得出 17 位有效数字的圆周率

$$\pi = 3.141\ 592\ 653\ 589\ 793\ 2$$

从而打破了祖冲之千年称雄的世界纪录。

这项纪录声名显赫,它将圆周率的有效数字从小数点后 7 位一下子提高到小数点后 16 位。

阿尔·卡西的这项计算其实是平庸的。其一,他所使用的其实就是刘徽公式;其二,后文将会看到,运用刘徽的加速技术,用祖冲之获得的数据就能加工出阿尔·卡西 8 亿多正多边形的结果。

我们再现阿尔·卡西所获得的数据。令直径为 1,则内接正 n 边形的边长

$$L_n = n \cdot \sin \frac{\pi}{n}$$

我们取 $n = 6, 12, 24, \cdots$ 反复进行计算。计算结果列于表 8.3 中。表中数据是借助于数学软件"Mathematica"获得的,计算过程避开了舍入误差的积累。

表 8.3

n	L_n		δ_n
6	3.000 000 000 000 000 000	⟨0⟩	3.948 815 549 036 689 1
12	3.105 828 541 230 249 148	⟨1⟩	3.987 162 707 851 017 4
24	3.132 628 613 281 238 197	⟨1⟩	3.996 788 098 191 334 7
48	3.139 350 203 046 867 207	⟨1⟩	3.999 196 863 295 489 2
96	3.141 031 950 890 509 638	⟨3⟩	3.999 799 205 744 363 9
192	3.141 452 472 285 462 075	⟨3⟩	3.999 949 800 806 102 4
384	3.141 557 607 911 857 645	⟨4⟩	3.999 987 450 162 151 0
768	3.141 583 892 148 318 408	⟨4⟩	3.999 996 862 538 076 8
1 536	3.141 590 463 228 050 095	⟨5⟩	3.999 999 215 634 365 4
3 072	3.141 592 105 999 271 550	⟨6⟩	3.999 999 803 908 581 7
6 144	3.141 592 516 692 157 447	⟨6⟩	3.999 999 950 977 144 8
12 288	3.141 592 619 365 383 955	⟨7⟩	3.999 999 987 744 286 1

续表

n	L_n	δ_n
24 576	3. 141 592 645 033 690 896 〈7〉	3. 999 999 996 936 071 5
49 152	3. 141 592 651 450 767 651 〈8〉	3. 999 999 999 234 017 8
98 304	3. 141 592 653 055 036 841 〈9〉	3. 999 999 999 808 504 4
196 608	3. 141 592 653 456 104 139 〈9〉	3. 999 999 999 952 126 1
393 216	3. 141 592 653 556 370 963 〈10〉	3. 999 999 999 988 031 5
786 432	3. 141 592 653 581 437 669 〈11〉	3. 999 999 999 997 007 8
1 572 864	3. 141 592 653 587 704 346 〈11〉	3. 999 999 999 999 251 9
3 145 728	3. 141 592 653 589 271 015 〈12〉	3. 999 999 999 999 812 9
6 291 456	3. 141 592 653 589 662 682 〈12〉	3. 999 999 999 999 953 2
12 582 912	3. 141 592 653 589 760 599 〈13〉	3. 999 999 999 999 988 3
25 165 824	3. 141 592 653 589 785 078 〈13〉	3. 999 999 999 999 997 0
50 331 648	3. 141 592 653 589 791 198 〈14〉	3. 999 999 999 999 999 2
100 663 296	3. 141 592 653 589 792 728 〈14〉	3. 999 999 999 999 999 8
201 326 592	3. 141 592 653 589 793 110 〈15〉	3. 999 999 999 999 999 9
402 653 184	3. 141 592 653 589 793 206 〈16〉	
805 306 368	3. 141 592 653 589 793 230 〈17〉	

表 8.3 所列的计算结果表明,在二分逼近过程中,反复计算内接正 n 边形的周长 L_n,发现阿尔·卡西的"新纪录"果然是对的。

2. 兵贵神速

如果运用刘徽的精加工技术,效果又会怎样呢？

为了运用刘徽方法进行精加工,首先需要澄清偏差比是否"几乎"为定值。利用逼近数据 L_n 计算偏差 $\Delta_n = L_{2n} - L_n$,进而求出偏差比 $\delta_n = \Delta_n / \Delta_{2n}$。计算结果 δ_n 列于表 8.3 的右侧。我们看到,这里偏差比 δ_n 越来越逼近定值 4。

依公式

$$\hat{L}_n = L_{2n} + \frac{1}{3}(L_{2n} - L_n)$$

加工表 8.3 中的数据 L_n,加工结果 $\hat{L}_n$ 列于表 8.4 中。数据尾部依然标明准确到小数第几位。

表 8.4

n	$\hat{L}_n$		n	$\hat{L}_n$	
6	3. 141 104 721 640 332 197	〈3〉	768	3. 141 592 653 587 960 658	〈11〉
12	3. 141 561 970 631 567 880	〈4〉	1 536	3. 141 592 653 589 678 702	〈12〉
24	3. 141 590 732 968 743 543	〈5〉	3 072	3. 141 592 653 589 786 079	〈13〉
48	3. 141 592 533 505 057 115	〈6〉	6 144	3. 141 592 653 589 792 791	〈14〉
96	3. 141 592 646 083 779 554	〈7〉	12 288	3. 141 592 653 589 793 210	〈16〉
192	3. 141 592 653 120 656 168	〈9〉	24 576	3. 141 592 653 589 793 236	〈17〉
384	3. 141 592 653 560 471 996	〈10〉			

对照两张数据表我们看到,为了获得阿尔·卡西割到 8 亿多正多边形所创造的新纪录,运用刘徽的精加工方法只要割到正 24 576 边形,后者相当于祖冲之所应该掌握的逼近数据。刘徽精加工技术的效果是奇妙的!

本 章 小 结

在超级计算领域,国产"神威"机、"天河"机呈龙盘虎踞之势,被尊称为世界超级计算机之王,这是中国人的骄傲。

科学计算重在算法设计。高性能计算的算法设计更需要大智慧。

在诸多高效算法中,逼近过程的外推加速技术特别引人注目。这类算法结构简单,效果极为显著,在工程软件设计中被广为应用。

一个突出的数学难题摆在人们面前:微积分方法难以为外推加速技术提供理论上的支撑和设计参数的选择。问题的症结在于,以逼近法自傲的微积分方法竟然自身无法解决逼近加速问题,而一个收敛缓慢的逼近过程是毫无实用价值的。这是 Newton 数学的尴尬。与此形成鲜明对照的是,**早在 1800 年以前,中华先贤刘徽就一蹴而就地处理了逼近加速问题,并在圆周率计算中显露峥嵘。这项数学成就无疑是高性能计算领域的珠穆朗玛峰。**

习 题

1. 参看第 2 章 2.3 节,证明梯形公式按刘徽加速演化生成 Simpson 公式。

2. 证明 Simpson 公式按刘徽加速二分演化生成 Cotes 公式。

3. 证明 Cotes 公式按刘徽加速二分演化生成 Romberg 公式。

4. 论证古典的刘徽加速包容经典的 Richardson 外推加速。

5. 中华数学寓理于算。列举一、二个实际数值算例,彰显刘徽加速的有效性和巨大威力。